ZUI XINXIAN DE BAIKE ZHISHI
最新鲜的百科知识

QIANSUOWEIYOU DE
XIANGXIANGLI JIFA FANGSHI
前所未有的想象力激发方式

ZUI KUXUAN DE TANMI XINXI
最酷炫的探秘信息

U0742220

酷科普·发现从这里开始

FAXIAN CONG ZHELI KAISHI

KUKEPU

Shengwuquan Da Jiemi

大揭秘 生物圈

刘怀景 编著

中国出版集团
现代出版社

图书在版编目（CIP）数据

生物圈大揭秘／刘怀景编著．— 北京：
现代出版社，2012.9（2024.1）
ISBN 978 - 7 - 5143 - 0745 - 0

Ⅰ．①生… Ⅱ．①刘… Ⅲ．①生物圈 - 普及读物
Ⅳ．①Q148 - 49

中国版本图书馆 CIP 数据核字（2012）第 204019 号

生物圈大揭秘

编　　著	刘怀景
责任编辑	张桂玲
出版发行	现代出版社
地　　址	北京市安定门外安华里 504 号
邮政编码	100011
电　　话	010 - 64267325　010 - 64245264（兼传真）
网　　址	www. 1980xd. com
电子信箱	xiandai@ vip. sina. com
印　　刷	三河市人民印务有限公司
开　　本	710mm×1000mm　1/16
印　　张	14.5
版　　次	2012 年 10 月第 1 版　2024 年 1 月第 9 次印刷
书　　号	ISBN 978 - 7 - 5143 - 0745 - 0
定　　价	59.80 元

　　构成海底花园的一簇簇珊瑚，美丽的造型、缤纷的色彩，几千年来一直被误认为是植物，称为珊瑚花；老中医常称道的冬虫夏草、餐桌上的佳肴蘑菇，也都被习惯地归入植物家族。其实，珊瑚花是食肉动物珊瑚虫的骨骼，冬虫夏草和蘑菇则是微生物真菌类的菌丝体。相反，有些看起来像动物的偏偏又是植物，如衣藻，它在水中到处游走，吞吃小虫；毛毡苔不但能捕捉小虫，而且还能鉴别真伪，如果把一小块碎石放在它的叶子上，它不会"搭理"，而当你将小碎肉放上去，叶子便迅速卷起来，将肉"吞"掉，如此高超的食肉本领，也难怪人们把它错当成动物。

　　在生物的世界里，动物家族有 100 多万种，植物家族有 40 万～50 万种，而微生物家族有 10 多万种，生物家族"人"口众多。当你走进生物的世界时，常常会出现认错或者弄混的情况。其实，生物的世界里有太多我们不知道的秘密。你知道含羞草为什么会害羞吗？听说过刀枪不入的树吗？你知道家里的猫咪不识甜滋味吗？见过会放电的鱼吗？叩头虫为什么逢人便拜？鸟类也有"方言"你知道吗？一种神奇的微生物竟以吃铁为生？听说过屁能调节血压的说法吗？想弄清这些生物圈里的秘密吗？打开书读读吧！

本书共分八部分：第一部分花草大观，第二部分树木无奇不有，第三部分奇妙的陆地动物，第四部分探索水中生物，第五部分千奇百怪说昆虫，第六部分可爱的飞鸟，第七部分微生物的世界，第八部分人类真奇妙。

CONTENTS

目录

生物圈大揭秘

SHENGWUQUAN DA JIEMI

花草大观

SHENGWUQUAN DA JIEMI

　　春天来了，花开了，草绿了。许多植物都会开出鲜艳、芳香的花朵，这些花朵其实是植物种子的有性繁殖器官，可以为植物繁殖后代，花用它们的色彩和芬芳吸引昆虫来传播花粉。看着这些再普通不过的花草，它们身上能有什么惊人的秘密呢？说几个给你听听：有一种能跳舞的草，日轮花能吃人，草也会用"美人计"，还有隐居地下的草。相信吗？不信就亲眼见识一下吧！

竹子开花之谜

　　竹子开花一直是一个植物学上的难解之谜。一些经常开花的竹子在种子发育成熟后死去，而群落中其他竹子和地下鞭根继续存活和保持种群不败落；印度和东南亚地区常见竹种群落经常发生这种现象，竹子在经过一定的鞭根和枝条生产生长期（依竹种特性不同而为 3～120 年）后，同一地区几乎所有同一种的竹子同时开花，通过风媒传粉，结出大量的种子后死去，这些种子立即发芽或在首场雨后发芽；也有一些竹种群落生长到成熟后每年开花结籽达许多年。

　　常见的绿色开花植物，尤其是多年生植物，它们开花的时候，往往都是生长最旺盛的时候。唯有竹子不一样，它一旦开花，却预示着它的生命历程已接近尾声，生长也将近于枯竭。因此一些物质迷信的人便把竹子开花与眼前的或以后发生的某些倒霉的事情联系起来，将它看成是不祥的征兆。这些人之所以会把竹子开花看作不吉利，是因为他们觉得竹子开了花就会衰败，像一件事物盛极而衰。

　　其实竹子开花也是一种本能，一种繁衍后代的本能。它要在生命行将结束之前，开花结果留下一些种子，以便再度繁殖，留存物种。

　　竹子是多年生植物，它选择开花的时机不像一般多年生植物那样年年开花结果，却又年年旺盛生长。竹子更像水稻、小麦、油菜和棉花这些一年生的植物——只有一次开花结果的高潮，即"盛极而衰"。

　　那么，到底是什么原因促使竹子生命力不旺盛，而走向开花的末日呢？人们经过多次探索，终于弄清竹子的生命不再能延长下去的原因。其主要原因是由于人们管理不善，导致竹林土壤肥力已经耗尽无补，竹子得不到应有的基本养料而走上"自杀性"的开花阶段。如果这时及时地进行中耕和追肥，并挖去开花的竹子，砍除一些徒耗养料的老竹，切实做好竹林的管理工作，是有可能把濒临死亡边缘的竹林挽救过来的。

　　竹子开花常会带来意想不到的严重后果，如生长在我国西南山区的国宝大熊猫是以野生的箭竹为主食的，每逢大批箭竹开花，受到伤害最重的就是

大熊猫。在明确了上述道理后，人们正不断做出努力，力争使自然保护区内的箭竹不开花或少开花，切实保护好大熊猫的食物来源和生存环境。

基本小知识

箭　竹

禾本科，秆小型，少数为中型，粗可达 5 厘米；杆挺直，壁光滑，故又称滑竹。散生竹，高 1～4 米。壁厚，节隆起，每节具多枝。箨鞘厚纸质，绿或紫红色，背面常密被暗棕色直立刺毛。中国特有种，仅分布于湖北、四川，生于海拔 2000～2800 米处的针叶林缘。

竹子虽不像松柏那样千年长寿，可是一般也能活几十年，也能不断进行营养繁殖、衍生后代。一旦新竹长成，就应及时适量砍去部分老竹，注意保持土壤的肥力，预防竹子感染病虫害，那样成片成片的竹林就可能长期郁郁葱葱，繁茂地生长下去。

害羞的含羞草

不少人都知道含羞草，若是用手指轻轻地碰它，成对的小叶便会立刻合并起来。碰得轻，它合并得慢，范围也较小；碰得重，它合并得非常迅速，不到 10 秒钟，所有的叶片就全部并拢，并从接触的部位蔓延到别的地方，连叶柄也会下垂。稍过一些时候，它又逐渐恢复原状。

有趣的是，改用冰块接触它的小叶，或者把香烟的烟喷在叶片上，它也会有同样的反应。如果用火柴的火焰从下面逐渐接近叶片，那些羽状的复叶也会合并起来。更奇怪的是，在气温较高的时候，它的运动的速度也比较快。

含羞草为什么会产生这种奇妙的现象呢？含羞草的运动是发生在小叶和叶柄以及叶柄和茎节的连接部位。通常是由于细胞内膨压改变所造成的，大部分成熟的植物细胞，都有一个很大的液泡，当液泡内充满水分时，就会压迫周围的细胞质，使它紧紧贴向细胞壁，而给予细胞壁一种压力，这就是膨

花草大观

压。膨压使得细胞壁处于绷紧状态，像吹满了气的气球一样。液泡内所含的有机和无机物质，它们的浓度高低，决定渗透压的高低，而渗透压的高低可以决定水分扩散的方向。当液泡浓度增高时，渗透压增加，水分由胞外向胞内扩散而进入液泡，增加细胞的膨压，使细胞鼓胀；反之，细胞则萎缩。这种过程只能造成缓慢的运动，例如气孔的开合等，但是当胞膜的半透性发生霎时变化时，却也可以引起相当迅速的动作。将氯离子向细胞内，阳离子向细胞外运送，使得胞膜和邻近地区保持一定电位差，叫作静止电位。当外界刺激超过某一定限度时，这种差异通透性会突然改变，钙离子大量涌进细胞，钾离子却向反方向进行，使膜内电位增高，甚至成为正电位，于是产生了动作电位，这种现象叫作去极化。动作电位会传递，当细胞到达动作电位时，也就是产生去极化现象时，胞膜的差异通透性消失，原来蓄存于液泡内的水分遂在瞬间排出，使细胞失去膨压，变得瘫软。叶柄的数条维管束，在叶枕合成一大管道，便于容纳叶枕排出的水分。当我们碰到含羞草的叶子时，叶枕细胞受到刺激，产生去极化作用，细胞立刻失去水分，丧失膨压，叶枕就变得瘫软，小叶片失去叶枕的支持，依次地合拢起来。

知识小链接

渗 透 压

用半透膜把两种不同浓度的溶液隔开时发生渗透现象，到达平衡时半透膜两侧溶液产生的位能差。渗透压的大小和溶液的重量摩尔浓度、溶液温度和溶质解离度相关，因此有时若得知渗透压的大小和其他条件，可以反推出溶质分子的分子量。

叶枕的下半部，有一些静止电位特别低的感受细胞，它们特别容易接受刺激，只要遭到轻微的触动，就会立刻放出水分，使叶柄下垂，造成含羞草的羞态。其他和含羞草同科的合欢树，它的羽片到夜晚也会闭合起来，像是睡觉一样，这都是叶枕内细胞膨压改变的关系。另外，捕蝇草的捕虫运动是叶片受到刺激时，附近的叶肉细胞失去膨压而使叶片闭合，叶缘的刚毛，此时也发挥它们的阻碍功能，于是掉落的昆虫便无法挣脱了。

有人研究过，含羞草传达刺激的速度每分钟约为 10 厘米，通过茎可以传达到距离 5 厘米的叶柄和叶片。根据试验，可以用酸类激起它的运动，也可以用麻醉剂麻醉它的运动。

含羞草的这种特殊本领对它的生长十分有利。含羞草的老家在南美洲的巴西，那里经常会发生狂风暴雨，如果含羞草不能在刚碰到第一滴雨点或第一阵狂风时就把叶子合拢起来，把叶柄低垂下去，那么，它那娇嫩的叶片和植株将会受到无情的摧残。所以，这是通过很长时期的进化和选择而形成的一种保护性适应。

含羞草在我国各地广泛栽培，一般作为观赏植物。据研究，它还有安神镇静、止血收敛、散热止痛等医疗功效。

广角镜

麻醉剂

麻醉是指用药物或非药物方法使机体或机体一部分暂时失去感觉，以达到无痛的目的，多用于手术或某些疾病的治疗。麻沸散就是世界上第一个发明和使用的麻醉剂，由东汉末年杰出的医学家华佗所创造，公元 2 世纪我国已用麻沸散全身麻醉进行剖腹手术。近代最早发明全身麻醉剂的人是 19 世纪初期的英国化学家戴维。

花草大观

植物为啥会"犯困"

植物"犯困"，即植物睡眠，在植物生理学中被称为睡眠运动。它是一种十分有趣的自然现象，每逢晴朗的夜晚，我们只要细心观察就会发现，一些植物会有奇妙的变化。比如常见的合欢树，它的叶子由许多小羽片组合而成，在白天舒展而又平坦，而一到夜幕降临时，那无数小羽片就成双成对地折合关闭，就好像被手碰过的含羞草。花生也是一种爱"犯困"的植物，它的叶子从傍晚开始，便慢慢地向上关闭，表示要睡觉了。以上所举仅是一些常见的例子，事实上，会睡觉的植物还有很多很多，如酢浆草、白屈菜、羊角豆等。

不仅植物的叶子有睡眠要求，娇嫩艳丽的花朵似乎更需要睡眠。比如生长在水面的睡莲花，每当旭日东升，那美丽的花瓣就会慢慢舒展开来，似乎正从甜蜜的睡梦中苏醒过来；而当夕阳西下时，它便闭拢花瓣重新进入睡眠状态。由于它这种"昼醒晚睡"的规律性特别明显，故而获得了"睡莲"的芳名。另外，各种各样的花儿，睡眠的姿态也各不相同：蒲公英在入睡时，所有的花瓣都向上竖起闭合，看上去像一个黄色的鸡毛帚；胡萝卜花则垂下来，恰似一个正在打瞌睡的小老头……

植物的睡眠运动会对它本身带来什么好处呢？为了揭开这个谜底，科学家们进行了难以计数的研究与实验。

最早发现植物睡眠运动的人是英国著名的生物学家达尔文。100 多年前，他在研究植物生长行为的过程中，曾对 69 种植物的夜间活动进行了观察，发现一些积满露水的叶片，因为承受到水珠的重量而运动不便，往往比其他能自由运动的叶片更容易受伤。后来他又用人为的方法把叶片固定住，也得到了类似的结果。达尔文虽然无法直接测量叶片的温度，但他断定，叶片的睡眠运动对植物生长极有好处，也许主要是为了保护叶片，抵御夜晚的寒冷。

达尔文的说法似乎有一定的道理，但却没有足够的证据，所以一直没有引起人们的重视。20 世纪 60 年代，随着植物生理学的快速发展，科学家们开始深入研究植物的睡眠运动，并提出了不少的解释。

你知道吗

膨　压

当水进入植物细胞后，使细胞产生向外施加在细胞壁上的压力，称为膨压。膨压的作用是提供植物细胞的支持力，使它能维持形状，其中草本植物由于缺少木本植物所拥有的坚硬木质素，故其支持力依赖膨压。

最初，解释植物睡眠运动最广泛的理论是"月光理论"。提出这个论点的科学家认为，叶子的睡眠运动能使植物尽可能少地遭受月光的侵害。因为过多的月光照射，可能干扰植物正常的光周期感官机制，损害植物对昼夜变化的适应。然而，使人们迷惑不解的是，为什么许多没有光周期现象的热带植物同样也会"犯困"？这一点用"月光理论"是无法解释清楚的。

后来科学家又发现，有些植

物的睡眠运动并不受温度和光强度的控制，而是由于叶柄基部中一些细胞的膨压变化引起的。如合欢树、酢浆草、红三叶草等，通过叶子在夜间的闭合，以减少热量的散失和水分的蒸发。尤其是合欢树，叶子不仅仅在夜间关闭、睡眠，当遭遇大风大雨时也会逐渐合拢，以防柔嫩的叶片受到摧残。这种保护性的反应是对环境的一种适应。

科学家们提出一个又一个观点，但是未能有一个圆满的解释。正当他们感到困惑的时候，美国科学家恩瑞特在进行了一系列有趣的实验后提出了一个新的解释。他用一根灵敏的温度探测针在夜间测量多种植物叶片的温度，结果发现，呈水平方向（不进行睡眠运动）的叶子的温度，总比垂直方向（进行睡眠运动）的叶子的温度要低 $1\,^{\circ}\!C$ 左右。恩瑞特认为，正是这仅仅 $1\,^{\circ}\!C$ 的微小差异，成为阻止或减缓叶子生长的重要因素。因此，在相同的环境中，能进行睡眠运动的植物生长速度较快，与其他不能进行睡眠运动的植物相比具有更强的生存竞争能力。

如今，科学家通过显微镜观察已经知道，植物的睡眠运动是由叶柄上一种叫作"运动细胞"的特殊细胞膨胀或收缩引起的。运动细胞吸水胀大后叶片就张开，运动细胞排出水缩小后叶子就会闭合。

基本小知识

运动 细 胞

叶片上表皮中的一种大型的细胞，细胞壁较薄，有较大液泡，一般认为它与叶片的卷曲和开张有关，也称泡状细胞。

调节这种运动细胞的体积变化是在细胞膜的"钾通道"——根据生物钟按一定的时间周期开闭钾离子通道，伴随着钾离子从通道的出入，水或是进入细胞内或是跑出细胞外。其实，20 世纪初，就有许多研究者考虑到存在控制这种叶片运动的生物物质，并尝试进行分离，但最终没有取得成功。

20 世纪 80 年代，德国一名科学家在报告中称发现一种名叫"太酷灵"的有机化合物，是控制叶片开闭运动的新的"植物激素"。这个报告引起全世界的关注，并把它与当时著名的植物生长激素"茁长素"或赤霉素并列为重大发现。

与此同时，有些科学家也提出了异议，认为"太酷灵"分子内有显示强酸性的硫酸基，难以设想在中性植物体内有那样的强酸性物质以游离态存在。事实上，最近的研究也显示"太酷灵"对叶片开闭几乎不起任何激活作用。

另一方面，从显示使叶子闭合的活性来说，专家认为"太酷灵"的活性与有机分子主题无关，仅是由其分子内硫酸基的酸刺激引起的。研究表明，当时德国科学家在分离过程中误把酸性当作激活条件，结果丢失了真正的生理活性物质。为此，专家在中性的条件下对真正的生理活性物质进行分离。

随着研究的深入，科学家还发现了一个有关植物睡眠的有意思的现象：植物竟能与人一样也有午睡的习惯。植物午睡的时间，大约在中午 11 时至下午 2 时。此时，叶子的气孔关闭，光合作用明显降低。为什么会出现这种现象？科学家认为，植物午睡主要是由于大气环境的干燥、炎热引起的。午睡是植物在长期进化过程中形成的一种抗衡干旱的本能，为的是减少水分散失，以便在不良环境中生存下来。

看来，关于植物"犯困"的说法还真不少呢。

"吃"动物的植物

植物吃虫在自然界普遍存在，据不完全统计，自然界有 500 多种植物能"吃"动物。

在我国的云南、广东等南方各省，有一种绿色小灌木，它的每一片叶子尖上，都挂着一个长长的"小瓶子"，上面还有个小盖子。这小瓶子的形状很像南方人运猪用的笼子，所以人们给这种灌木取了个名字，叫"猪笼草"。奇妙的就是这个小瓶子，猪笼草的瓶子内壁能分泌出又香又甜的蜜汁，贪吃的小昆虫闻到甜味就会爬过去吃蜜。也许就在它吃得正得意的时候，脚下突然一滑，一头栽到了小瓶子里。小瓶子里贮有黏液。昆虫被黏液粘住了，就再也爬不出来。于是猪笼草得到了一顿美餐。

用瓶状的叶子捕食虫类的植物很多，在印度洋中的岛屿上就发现将近 40 种。那些奇怪的"瓶子"有的像小酒杯，有的像罐子，还有的大得简直像竹筒，小鸟陷进去也别想飞出来。

夏天，在沼泽地带或是潮湿的草原上，常常可以看到一种淡红色的小草。它的叶子是圆形的，只有一枚小硬币那么大，上面长着许多茸毛，一片叶子就有200多根。茸毛的尖端有一颗闪光的小露珠，这是茸毛分泌出来的黏液。这种草叫毛毡珠，也叫毛毡苔，也是一种"吃"虫的植物。如果一只小昆虫飞到它的叶子上，那些露珠立刻就把它粘住了，接着茸毛一齐迅速地逼向昆

毛毡珠

虫，把它牢牢地按住，并且分泌出许多黏液来，把小虫溺死。过一两天，昆虫就只剩下一些甲壳质的残骸了。最奇妙的是，毛毡苔竟能辨别落在它叶子上的是不是食物。如果你和它开个玩笑，放一粒沙子在它的叶子上，起初那些茸毛也有些卷曲，但是它很快就会发现这不是什么可口的食物，于是又把茸毛舒展开了。在我国江苏、浙江一带，还有一种喜欢生长在树荫下的小植物，叫茅膏菜，也是用叶子捕食昆虫的。在葡萄牙、西班牙和摩洛哥沿海地带，有一种植物叫捕虫花，它的叶子反面有一层密密的茸毛，也能捕捉昆虫。曾有人在一株捕虫花的叶子上竟找到235个昆虫的残骸。

美洲的森林沼泽地中有一种叫孔雀捕蝇草的植物，它是18世纪中叶发现的，由于长得美丽，人们给它起了这样一个漂亮的名字。孔雀捕蝇草的叶子是长形的，很厚实，叶面上有几根尖尖的茸毛，边缘上还长着十几个轮牙。每片叶子中间有一条线，把叶子分成两半。昆虫飞来的时候，触动了叶子上的茸毛，叶子马上齐中线折叠起来，边缘上的轮牙一个间一个地咬合在一起，咬得牢牢的，然后分泌出黏液来把昆虫消化掉。"吃"完昆虫了，叶子又重新打开，等待新的食物。

1851年，在美国西部加利福尼亚山脉的沼泽地带，还发现了一种很大的食虫植物，名字叫达尔利克多尼亚。它从地下直接生出一束管筒，有一米多高，管筒的口上还戴着一顶盔形的帽子，管里贮满了有毒的黏液。贪玩的小

鸟和昆虫到里面去捉迷藏，一失足就送掉了性命。

　　还有些"吃"虫植物生长在水中。北京颐和园的池塘里有一种叫狸藻的小水草，它的茎上有许多卵形的小口袋，口袋的口子上有个向内开的小盖子，盖子上长着茸毛。水里的小虫游来触动了茸毛，小盖子就向内打开了，小虫一游进小口袋，就再也出不来了。

　　这些植物一没有牙齿，二没有胃，为什么要"吃"掉昆虫呢?

　　氮，是构成叶绿素的重要成分。植物需要的氮，主要是来自土壤。可是有些地方，比如酸性的湿地和沼泽地带，土壤中含的氮就极少极少。生长在那里的植物，就得从其他方面来取得它们所必需的氮，来适应这缺乏氮的生活环境。毛毡苔生长在沼泽地带，茅膏菜生长在潮湿的地方，那些地方的土壤中都缺少氮。这些植物经过许许多多年的进化，吸收氮的功能变得更强了，逐渐产生一种完整的捕虫器官，能够分泌出一种黏液来消化昆虫体内的含氮物质，满足自己对氮的需要。这样就出现了"吃"虫的植物。

　　许多试验证明，这些"吃"虫植物的消化能力几乎赶上了动物的胃。德国植物学家刻涅曾经观察过猪笼草怎样吃蜈蚣，一条蜈蚣的前半身陷进"小瓶子"里去了，后半身还在外边，但是它没能逃出来，因为它的前半身浸在黏液内，很快就变成白色了。可见猪笼草的消化力有多强。如果你把一小块煮熟的蛋白放在毛毡苔的叶子上，几小时后，蛋白就变形了，过了几天，蛋白就完全被"吃"光了。"吃"虫植物

广角镜

蜈　蚣

　　蜈蚣是蠕虫形的陆生节肢动物，属节肢动物门多足纲。蜈蚣的身体是由许多体节组成的，每一节上有一对足，所以叫作多足动物。白天它们隐藏在暗处，晚上出去活动，以蚯蚓、昆虫等动物为食。蜈蚣与蛇、蝎、壁虎、蟾蜍并称"五毒"，并位居五毒首位。

还有个怪脾气，就是不喜欢"吃"油脂。如果你给毛毡苔一小块肥肉，肉里的蛋白质不久给"吃"光了，但油还留在叶子上。"吃"虫植物对于淀粉，对于味道甜或酸的食物，也不感兴趣。

植物也会设置陷阱

植物也会通过设置陷阱开杀戒吗？是的。有些植物美丽的外表散发着致命的诱惑，它们设置的陷阱对昆虫来说就是一个坚不可摧的牢笼。

有些植物用陷阱逮住昆虫，并不是要把它们当作自己的美食吃掉，只是将昆虫囚禁起来，让这些虫子为自己传受花粉，当花粉传受完毕之后，便又打开"牢门"，把身上沾满花粉的"俘虏"放走。

基本小知识

传 粉

传粉是成熟花粉从雄蕊花药或小孢子囊中散出后，传送到雌蕊柱头或胚珠上的过程。传粉是高等维管植物的特有现象，雄配子借花粉管传送到雌配子体，使植物受精不再以水为媒介，这对适应陆生环境具有重大意义。在自然条件下，传粉包括自花传粉和异花传粉两种形式。

在欧洲有一种花，它散发出来的气味奇臭难闻，令人作呕。这种花就是海芋百合，它的花瓣就像一只杯子。它正是利用这种像腐烂尸体发出的恶臭，把一种嗜臭食腐的小甲虫吸引过来。小甲虫在海芋百合的花瓣上，想爬进花中时，花瓣内侧会分泌出一种油滑液体，使它像坐滑梯似的，一下子滑到了"杯子"的底部。由于四周花瓣的内壁上长满了倒刺，这时，小甲虫即使有三头六臂，也逃不出这个"牢笼"。这就是海芋百合设下的陷阱。在陷阱底部，海芋百合的雌蕊会分泌出一种甜甜的蜜汁。小甲虫在贪婪地吮吸这种蜜汁的时候，它的身体不时碰撞雌蕊四周的雄蕊。这些雄蕊个个都像武侠小说中的暗器机关，小甲虫一碰上，里面立刻射出一串串花粉。这些花粉就沾在小甲虫的身上。

一天以后，花瓣内壁的倒刺萎软了，油滑的液体也已干枯，这时"禁令"自动解除了。现在被囚禁一天之后的小甲虫可以爬上花瓣，逃脱陷阱了。它浑身沾满了花粉，爬了出来，不久又被别的海芋百合的臭味吸引住了，再一

次跌入新的陷阱。就这样，它把花粉传受了过去。

马兜铃也会通过它的花朵巧设陷阱吸引小虫。它的花儿形状像个小口瓶，瓶口长满细毛。雌蕊和雄蕊都长在瓶底，但是雌蕊要比雄蕊早成熟几天。雌蕊成熟的时候，瓶底会分泌出一种又香又甜的花蜜，通过这种花蜜把小虫子吸引过来。小虫子饱餐一顿后想要返回时，早已身不由己，陷进"牢笼"了。因为瓶口细毛的尖端是向下的，进去容易出来难。小家伙心慌意乱，东闯西撞，四处碰壁，不知不觉中把自己带来的花粉都沾到了雌蕊上。几小时后，虽然雌蕊萎谢了，但是小虫子依然是"花之囚"。直到两三天后，雄蕊成熟了，瓶口的细毛也枯萎脱落了，小虫子身上沾满了花粉，马兜铃便会自动打开瓶口，这个贪吃的"使者"终于逃出了"牢笼"，刚恢复自由的小虫子可能又会飞向另一朵马兜铃花，心甘情愿地继续充当"媒人"。

除了海芋百合和马兜铃，还有一些会设陷阱的植物。这是一种萝藦类的花，虫儿飞来时细脚会陷入花的缝隙中。虫儿拼命挣扎，结果脚上沾满了花粉。小家伙从缝中拔出脚来，脱身以后又飞到别的花中，完成传粉。

相比其他花设置的陷阱，拖鞋兰设置的陷阱可以说是别具一格。兜状的花中，没有明显的入口，也看不到雄蕊和雌蕊，只是中间有一道垂直的裂缝。蜜蜂从这儿钻进去，便来到了这个半透明的、脚下到处是花蜜的小天地里。蜜蜂尝了几口，刚准备离去，谁知后面已封闭起来，没有退路了。只有上面开着一个小孔，蜜蜂只好沿着雌蕊柱头下的小道勉强穿过，这时身上的花粉被刮去了。当它再钻过布满花粉的过道，身上又沾满了花粉，这些花粉是拖鞋兰"请"蜜蜂带给另一朵花的。

另外一些植物虽然不设陷阱，但也会利用一些其他手段欺骗动物前来为自己传受花粉。在北美和地中海一带有一种兰科植物，它一无花蜜，二无香味，靠的就是对雄细腰蜂的欺骗来传受花粉的。这种植物花朵的形状很像雌细腰蜂，花瓣闪耀着金属光泽，就像阳光下雌蜂的翅膀。有趣的是，它的花朵还能发出雌细腰蜂的气味，吸引雄细腰蜂兴高采烈地飞来，等它发觉受骗上当时，已在为植物传粉了。

留唇兰的骗术更加高明。它的花朵的形态和颜色，活像一只只蜜蜂。一片留唇兰在风中摇曳，简直就像一群好斗的蜜蜂在飞舞示威。蜜蜂有很强的"领土观念"，它们发现假蜂在那儿摇头晃脑，便群起而攻之。结果，正中留

唇兰的下怀，蜜蜂的攻击对花朵毫无损伤，却帮助它传受了花粉。

◎巧用"美人计"的草

异花传粉植物要想得到来自其他同类植株的花粉，除了利用风力传送花粉以外，就得请昆虫来帮忙了。

在众多的传粉植物中，有一种叫角蜂眉兰的草，招引昆虫传粉的办法最令人叫绝。它竟然会利用"美人计"来诱骗雄角蜂前来光顾，充当它们之间的"媒人"。

基本小知识

异花传粉

雌花和雄花经过风力、水力、昆虫或人的活动把不同花的花粉通过不同途径传播到雌蕊的花柱上，进行受精的一系列过程叫异花传粉。在果树生产中不同品种间的传粉和林业生产上不同植株间的传粉，也叫异花传粉。异花传粉与自花传粉相比，是一种进化方式。因为异花传粉的花粉和雌蕊来自不同的植物或不同花，二者的遗传性差异较大，受精后发育成的后代往往具有较强大的生命力和适应性。

角蜂眉兰生长在地中海沿岸，春天刚刚来临，它就开出艳丽的花朵，雄角蜂便以为那是一只美丽的雌角蜂，于是落在它的身上求爱。可是当雄角蜂发觉上当以后，角蜂眉兰花蕊上的花粉，已经沾在了雄角蜂的头上。受了骗的雄角蜂虽然很快离去，但是求偶心切的雄角蜂过不了多久，就会被另一棵角蜂眉兰的花所欺骗，再一次地扑向那只"雌角蜂"。这时候，它头上沾来的花粉，再传给了这朵花的柱头，使角蜂眉兰完成了异花受粉。

倒霉的雄角蜂，接连上当受骗，没有找到自己要寻觅的"新娘"，无意之中却做了角蜂眉兰的"媒人"。

◎巧设"水牢"的花

在中美洲的热带丛林里生长着一种名叫盔兰的兰科植物，可以说它利用昆虫传粉的本领是技高一筹。它利用花朵巧妙地设置了一个"水牢"，将昆虫囚禁在里面，强迫昆虫为自己当传受花粉的"媒人"。

盔兰是怎样巧设"水牢"的呢？原来，在它的花朵上，有一个像古代武士头盔的唇瓣伸出在前方。这个顶朝下，口朝上，底部还存有一汪清水的"头盔"，就是盔兰巧设的"水牢"。它设置得十分精巧，在位于盔底上方的花梗上有2个圆包状的小腺体，从那里，可以不断地分泌出透明的液体，一滴滴落在盔底。奇妙的是，当液体流够6毫米深的时候，腺体就不会再分泌出液体了。然而更为奇妙的是，在盔内液面以上的侧壁上，有一个略向上斜道与外面相通。

清晨时分，盔兰花绽开以后，成群的长舌花蜂拥挤在花瓣的边沿上刮取花朵上的蜡质。突然，一只蜂被挤进了盔底，身上立刻被液体沾湿，它想爬出来，但是盔壁又太滑，它只好奋力从侧壁上的管道里钻出来。可是，这只长舌花蜂怎么也不会想到，就在它从狭窄的管道里脱身的时候，隐藏在管道出口处的花蕊柱已经在它的背上沾上了花粉块。当它在另一朵盔兰花上跌入"水牢"，并从管道脱身时，它背上的花粉块就会被管道顶上的一个小钩钩下来，使盔兰得到来自异花的受粉。

直到这时候，这只两次"遇险"，又两次"逃生"的长舌花蜂，还不知道自己在无意之中做了盔兰的"媒人"呢。

葵花缘何追太阳

向日葵是菊科一年生草本植物，茎直立，圆形而多棱角，质硬被粗毛。叶互生，卵形。它的头状花上，有成百上千朵小花。花盘就是聚生着许多管

状小花，每朵小花结成一颗果实，整齐地排列着。花盘周围一圈金黄色的舌状小花，又大又鲜艳，但不结果实，唯一的任务是让昆虫能看到它，引诱其前来传送花粉。

金灿灿的葵花每天追逐太阳在打转。早晨，旭日东升，它含笑相迎；中午，太阳高悬头顶，它仰面相向；傍晚，夕阳西下，它转首凝望，向太阳"告别"。它每天跟着太阳转来转去，无怪人们叫它"朝阳花"、"向日葵"、"太阳草"、"转日莲"了。"葵藿倾太阳，物性固莫夺"，杜甫诗说的就是葵花向日转。

那么，葵花为什么能向阳开呢？这里，我们不妨做这样一个实验：把葵花种在温室里，然后用冷光也就是日光灯代替太阳光对花盘进行照射。冷光的方向与太阳光一致：早晨从东方照来，傍晚从西方照来。这时，你会发现无论是早晨和傍晚，葵花的花盘都没转动。如果利用火盆来代替太阳，并把火光遮挡起来，花盘就会一反常态，不分白天黑夜，也不管东西南北，一个劲儿朝着火盆转动。

科学家经过长期的研究和许多实验，才发现了这个秘密。原来，在花盘下面的秆茎中有一种奇妙的"植物生长素"。黎明，旭日东升，秆茎里的生长素溜到背光的一边去，刺激那一面的细胞迅速繁殖，使背光面比向光面生长得快，于是整个花盘朝着太阳弯曲。随着太阳在空中位移，茎里的"植物生长素"，不断背着太阳移动，像同太阳捉迷藏似的。就这样，它到每一处，都要刺激细胞加速生长，因而花盘就朝着太阳打转了。

花草大观

知识小链接

激　素

激素音译为荷尔蒙，希腊文原意为"奋起活动"，它对肌体的代谢、生长、发育、繁殖、性别、性欲和性活动等起重要的调节作用，就是高度分化的内分泌细胞合成并直接分泌入血的化学信息物质，它通过调节各种组织细胞的代谢活动来影响人体的生理活动。由内分泌腺或内分泌细胞分泌的高效生物活性物质，在体内作为信使传递信息，对机体生理过程起调节作用的物质称为激素，是我们生命中的重要物质。

近年来，随着内源激素鉴定技术的发展，科学家对向日葵的向光性弯曲又有新发现。原来，在向日葵生长区的两侧除了生长素浓度有差异外，还分析出有较高浓度的叶黄氧化素存在，这是一种脱落酸生物合成过程中的中间产物，是一种抑制细胞生长的物质。实验证明，当向日葵秆茎的一侧受到阳光照射 30 分钟后，叶黄氧化素的浓度，向光的一侧比背光的一侧要高，正好同生长素的浓度相反。科学家认为，向日葵的向光性运动，应该说是生长素与叶黄氧化素共同作用的结果，而叶黄氧化素的作用可能更大些。

由此可见，向日葵花盘的转动并不是由于光线的直接影响，而是由于阳光把花盘中的管状小花晒热了，温度上升使花盘向着太阳转动起来。因而，从这个意义上说，向日葵还可以称为"向热葵"。

植物欣赏音乐之谜

植物也和人一样，除了对日常营养物质的需求以外，也有对"精神生活"的"需求"。

加拿大安大略省有个农民，做过一个有趣的实验，他在小麦试验地里播放巴赫的小提琴奏鸣曲，结果"听"过乐曲的那块实验地获得了丰产，它的小麦产量超过其他实验地产量的 66%，而且麦粒又大又重。

20 世纪 50 年代末，美国伊利诺伊州有个叫乔·史密斯的农学家在温室里种下了玉米和大豆，同时控制温度、湿度、施肥量等各种条件，随后他在温室里放上录音机，24 小时连续播放著名的《蓝色狂想曲》。不久，他惊讶地发

你知道吗

蓝色狂想曲

1924 年美国作曲家乔治·格什温发表了交响曲《蓝色狂想曲》，获得巨大成功，使他成为世界级作曲家。《蓝色狂想曲》是乔治·格什温写给独奏钢琴及爵士乐团的乐曲，它融合了古典音乐的原理以及爵士乐的元素。

现，"听"过乐曲的籽苗比其他未"听"乐曲的籽苗提前 2 个星期萌发，而且前者的茎干要粗壮得多。史密斯感到很出乎意料。后来，他继续对一片杂交玉米的试验地播放经典和较经典的乐曲，一直从播种到收获都未间断。结果又完全出乎意料，这块试验地比同样大小的未"听"过音乐的试验地，竟多收了 700 多千克玉米。他还惊喜地看到，"收听"音乐长大的玉米长得更快，颗粒大小匀称，并且成熟得更早。

美国密尔沃基市有一位养花人，当向自家温室里的花卉播放乐曲后，他惊奇地发现这些花卉发生了明显的变化：这些栽培的花卉发芽变早了，花也开得比以前茂盛了，而且经久不衰。并且这些花看上去更加美丽，更加鲜艳夺目。

几乎所有的植物都能听懂音乐，而且在轻松的曲调中茁壮成长。甜菜、萝卜等植物都是"音乐迷"。有的国家用"听"音乐的方法培育出 2.5 千克重的萝卜，小伞那样大的蘑菇，27 千克重的卷心菜。

广角镜

摇滚乐

早期的摇滚音乐来源非常广泛，主要的包括布鲁斯、R&B 和乡村音乐，其他还有福音音乐、传统的流行乐、爵士乐以及民间音乐。所有的这些影响加在一起构成了一种简单的以布鲁斯为基础的歌曲结构，它是快速的、适于跳舞的，而且容易让人记住的。

1981 年，在我国云南勐腊县尚勇乡附近的原始森林里，发现了一棵会"欣赏"音乐的小树。当地群众管它叫"风流树"。人们发现，在"风流树"旁播放音乐时，树身会随着音乐的节奏摇曳摆动，好像一个少女在翩翩起舞。令人奇怪的是，如果播放的是轻音乐或抒情歌曲，小树的舞蹈动作就婀娜多姿；如果播放的是进行曲或是嘈杂的音乐，小树就不动了。

科学工作者还发现，不同植物有不同的音乐"爱好"：黄瓜、南瓜"喜欢"箫声，番茄"偏爱"浪漫曲，橡胶树"喜欢"噪声。科学家们在研究中还发现，植物不仅能欣赏优美的乐曲，而且还讨厌那些让人心烦意乱的噪音。美国科学家曾对 20 种花卉进行了对比观察，发现噪音会使花卉的生长速度平均减慢 47%，播放摇滚乐，就可能使某些植物枯萎，

甚至死亡。

植物听音乐的原理是什么呢？原来那些舒缓动听的音乐声波的规则振动，使得植物体内的细胞分子也随之共振，加快了植物的新陈代谢，而使植物生长加速。

仙人掌之谜

在异常干旱的热带和沙漠地区，作为植物命根子的水是极为稀缺的，不要说人类难以在那里居住，就连其他生物也是极其稀少，只有各种仙人掌类植物耗水量极少，被赋予得天独厚的抗旱本领，能够战胜那里的骄阳和热风，把热带和沙漠风光点缀得更加壮观美丽。

曾经有人做过一个试验：把一棵37.5千克重的仙人球放在室内，一直不浇水。过了6年，那棵仙人球仍然活着，而且还有26.5千克重。也就是说，经过6年时间，它只消耗了11千克水。也曾有人发现，一棵在博物馆里活了8年的仙人掌，平均每年因生长而消耗掉的水分，仅占其总贮水量的7%。

仙人掌是怎样节约用水、抵抗干旱的呢？原来在沙漠生活的仙人掌为了减少蒸腾的面积，节约水分的"支出"，叶片已经慢慢地退化变成了针状或刺状。绿色扁平的茎也披上了一件非常紧密的"外衣"——角质层，而且里面还分布着几层坚硬的厚壁组织，有了这样的装备就能够有效地防止水分的散发。更有趣的是，仙人掌表皮上的下陷气孔只有在夜晚才稍稍张开，这样便大大地降低了蒸腾速度，防止水分从身体里跑掉。

基本小知识

光 合 作 用

光合作用即光能合成作用，是植物、藻类和某些细菌，在可见光的照射下，经过光反应和碳反应，利用光合色素，将二氧化碳（或硫化氢）和水转化为有机物，并释放出氧气（或氢气）的生化过程。光合作用是一系列复杂的代谢反应的总和，是生物界赖以生存的基础，也是地球碳氧循环的重要媒介。

仙人掌类植物的茎长得厚厚的，变成肉质多浆，简直成了一个"水库"。如果遇到一次阵雨，那又深又广的根系就拼命吸收，同时茎把输送来的大量水分贮存起来，以供常年干旱的需要。墨西哥有一种巨柱仙人掌，长得像一根根大柱子，有几十米高，体内能贮藏 1 吨以上的水分，过路人常常砍开仙人掌以解口渴。它那肥厚的茎是绿色的，能代替叶子进行光合作用，成为制造食物的工厂。正因为如此，仙人掌类植物能在干旱地区长期生存下来。

人们把墨西哥称为"仙人掌之国"。据说世界上已知的 1000 多种仙人掌品种中，一半以上可以在那里找到。由于仙人掌耐旱，须根特别长，墨西哥农民就利用它来防止水土流失，固定流沙，保护农田；有的种在宅旁作为篱笆，凭它身上的荆棘，既能防兽又能防盗。仙人掌的茎是墨西哥人民爱吃的蔬菜。据研究，仙人掌还有某些医疗价值，对肺癌的治疗特别有效。

花草大观

可以跳舞的草

一般认为，只有动物才会活蹦乱跳，植物却是直立不动的。

常见于亚洲和南太平洋地区的舞草却是一种能跳舞的植物，虽然名称是"舞草"，其实它并不是草，而是一种小灌木。舞草有一种很奇特的本领，它的叶片能够翩翩抖动。舞草的舞姿美妙而不单一，一会儿绕轴旋转，一会儿猛地向上升，又降落下去。舞草运动很有节奏，此起彼落，蔚为壮观，而且可以从太阳升起一直跳到太阳落山。有这种奇特的快速运动能力的植物很少，金星捕蝇草也会跳舞，但舞草是最奇特并且最不为人所知的。

基本小知识

灌 木

灌木是指那些没有明显的主干、呈丛生状态的矮小的木本植物，一般可分为观花、观果、观枝干等几类。常见灌木有玫瑰、杜鹃、牡丹、小檗、黄杨、沙地柏、铺地柏、连翘、迎春、月季、荆、茉莉、沙柳等。

每当夜幕降临之际，舞草便会进入睡眠状态停止跳动，第二天太阳升起的时候，重新跳动。关于舞草能够跳舞的原因，科学家目前还没研究清楚。而关于舞草跳舞的作用，也是各有各的说法。有的人认为，是植物细胞的生长速度变化所致；也有人认为是生物的一种适应性，它跳舞时，可躲避一些愚蠢的昆虫的侵害，再就是生长在热带，两枚小叶一转，可躲避酷热，以珍惜体内水分。舞草不只会跳舞，还有其他功效。据医书记载，舞草的根、茎、叶均可入药，泡成药酒可治疗骨病、风湿病、关节炎、腰膝腿痛等疾病。用嫩叶泡水洗脸，能令皮肤光滑白嫩。

能指示方向的草

在广阔无垠的草原上，有经验的牧民除了利用日月星辰和地物、地貌来辨认方向以外，还可以利用草原上生长的一些植物来辨明南北东西。

"指南草"是生长在我国内蒙古草原上的一种野莴苣。因为它们的叶子基本上垂直地排列在茎的两侧，而且与地面垂直，呈南北向排列，所以当地人称之为"指南草"。为什么"指南草"会指南呢？

原来，广阔的内蒙古大草原地势平缓，没有明显的山脉、谷地，没有高大树木，有的只是一望无际的原野。一到盛夏，火辣辣的太阳烤着草原，尤其是到了中午时分，草原上更为干燥，水分蒸发量大。在这种特定的生态环境中，野莴苣有一种独特的适应环境的生存方式：叶子与地面垂直，并且成南北向排列。这样一来，第一，中午在太阳辐射最强时，可最大限度地减少阳光直射的面积，进而减少水分蒸发；第二，利于早晚吸收斜射的太阳辐射，进行绿色植物的光合作用。人们研究发现，越是干燥的地方，其生长的"指南草"指示的方向也就越准确。

内蒙古草原除了野莴苣可以指示方向外，还有蒙古菊、草地麻头花等也能指示方向。

有趣的是，地球上不但有以上所说的会指示南北方向的植物，在非洲南部的大沙漠里还有一种仅指示北方向的植物，人们叫它"指北草"。由于"指北草"生长在南回归线以南。它总是接受从北面射来的阳光，由于植物的趋

光性，所以花朵总是朝北生长。它的花茎十分坚硬，花朵又不能像向日葵花盘那样随太阳转动，因而总是指向北面，"指北草"也由此得名。

在非洲东海岸的马达加斯加岛上，还有一种"指南树"，它的树干长着一排排细小的针叶，不论这种树生长在高山还是平原，那针叶总是像指南针似的永远指向南极。

在草原或沙漠上旅游，如果了解了这些指示植物的习性，就不会迷路了。

拓展阅读

回归线

指的是地球上南、北纬23°26′的两条纬线。北纬23°26′称为北回归线，是阳光在地球上直射的最北界线。南纬23°26′称为南回归线，是阳光在地球上直射的最南界线。回归线，是太阳每年在地球上直射来回移动的分界线。

花草大观

开"玩笑"的青竹

有人路过一片茂密的竹林，打算在这儿过一夜，他随手把帽子挂在一株青嫩的竹子尖上。夜里，竹林里不时传来叭叭的声音，仿佛是一首催眠曲。第二天，这个人一觉醒来，想接着赶路，却发现帽子被竹子顶得高高的，必须跳起来才能够着。是谁跟他开玩笑，把帽子给抛上去的吗？不是别人，原来是那棵青竹开的玩笑，它长个儿了，一夜之间竟长高了40多厘米，难怪那个人够不着帽子了。而夜里听到的叭叭之声，竟是竹子拔节时发出的声音。竹子真不愧是长个儿最快的植物了，有时一昼夜间它就能蹿高1米多，如果耐心地观察，你可以看到竹子像钟表的指针一样移动着向上生长。

自然界里有不少植物都长得很迅速。像树中"巨人"杏仁桉，能长到150米，简直可以和星星交朋友了。当它栽种后的第一年就可长五六米，五六年后，就已是近20米的巨树了。

海岸边的先锋木麻黄负有抵御台风、防止风沙的任务，为了适应海滩恶劣的环境，木麻黄一边深深扎根，一边迅速长高，如果条件较好，一年就能长高 3 米。这惊人的长个儿速度，使一些去远海捕捞，数月后才能回来的渔民，居然不敢确认自己的渔村了。是啊，出海时光秃秃的沙滩，现在已成了一片郁郁葱葱的木麻黄的天下。

趣味点击　　杏仁桉

世界最高的树杏仁桉，是澳大利亚的草原上生长着的一种高耸入云的巨树，一般都高达百米以上，最高的竟达 156 米，比美洲的巨杉还高 14 米，相当于 50 层楼的高度，难怪人们把它称为"树木世界里的最高塔"。

绿化城市时，人们也爱选用一些速生树种。在我国的北方，白杨树是比较普遍的，它笔直的树干高高仁立，浓密的树荫遮蔽了夏日炎热的阳光。它的生长速度就比较快，七八年就有 10 多米高，十几年就能用材了。人们称赞它是"5 年成椽，10 年成檩，15 年成柁"。

"魔床树"和"催眠花"

在南美洲亚马孙河地区的森林里有一种灌木，它枝叶茂密，好似一张奇特的"床"，人们称它为"魔床树"。这种树在夜间能挥发出一种特殊的气味，不但对人有催眠作用，而且还能驱赶蛇、狼等动物。因此，人们睡在"魔床"上，入睡快，不用担心蚊虫叮咬，更无须害怕蛇、狼、熊等动物来袭击。到了白天，这种树又能散发出另一种清香气味，人们闻了后会神清气爽，有益于消除疲劳。所以在"魔床"上睡眠，当黎明到来时不用别人叫唤，便会自己醒来；如果是白天，尽管你已经是十分疲惫，但是躺在上面无论如何是睡不着的。"魔床"还十分照顾小孩子，正在哭啼的孩子被妈妈抱上"魔床"之后便不再哭闹了，变得十分安静。

喀麦隆东北部的巴莫镇周围的丛林中，生长着 80 多棵可以醉人的树木。

这种树的树身低矮，树叶茂密，花开时节，树枝上会开满散发着浓郁芳香的黄瓣小花。人们一旦闻到这种香味，便会迷迷糊糊地进入梦乡。经考察发现，这种树的叶子、花瓣和果实都会释放具有麻醉作用的香素，人连续闻上几分钟，就会酣然入睡。

植物王国里，不仅有能催眠的树，而且还有能催眠的花。

在西班牙有一种名叫"勃罗特花"的野生植物，它能散发出一种芳香的气味，对人的中枢神经有抑制作用。人们闻了这种气味后，便会沉沉入睡，其效力可达 3 小时。如果躺在这种野花丛中，就会起到持续催眠作用。西班牙人索米尔最先发现了这种植物的奇妙作用，还特地创办了一所叫曼德勒格鲁的疗养院，专门接纳那些患了神经衰弱和失眠症的病人。

坦桑尼亚有一种木菊花，也具有强烈的催眠作用，其功效甚至比安眠药还显著。当地居民常将它采摘下来弄碎后拌在食物里，用来捕捉野兽。野兽一旦食后，便会昏昏睡去，人们即可毫不费劲地将野兽捉住。

知识小链接

中枢神经

中枢神经系统是神经系统的主要部分，其位置常在人体的中轴，由明显的脑神经节、神经索或脑和脊髓以及它们之间的连接成分组成。在中枢神经系统内大量神经细胞聚集在一起，有机地构成网络或回路。中枢神经系统是接受全身各处的传入信息，经它整合加工后成为协调的运动性传出，或者储存在中枢神经系统内成为学习、记忆的神经基础。人类的思维活动也是中枢神经系统的功能。

破解"海水开花"

航行在大洋上的人们，常常可以看到一种非常奇异的景色。在大洋浅海区，海水有时绿一块、黄一块、红一块，错杂在一起，形成了一幅美丽的彩色图案，好像海水开了"花"似的。经过多年的观察研究，"海水开花"的

真相终于弄清楚了。原来，这些水里大量繁殖着各种浮游藻类植物。不同种类的浮游藻类植物含有不同的色素，伴随季节的交替，颜色也随之不断地变换，于是海水也就开放出不同的"花朵"。

浮游藻类是海洋植物的重要成分之一，遍布各大洋近海区的表层海水中。在几百种浮游藻类中，大多数浮游藻类喜欢生活在热带和温带海水里，所以热带海面上经常可以看到"海水开花"的奇景。而在温带和寒带海面上以及远离海岸的深水区，"海水开花"的现象就少得多了。

而一提起红海，人们的脑海中不免总要想到"那里的水是红色的吗？为什么那里的海水是红色的呢"这一系列的问题。而这些问题在一般地理书中往往是找不到答案的，因为这些问题已经不属于地理学范围，而是植物学问题了。为什么呢？因为红海的水所以发红是由于一些特殊植物在那里作怪呀！

究竟是什么植物在作怪呢？是一种叫作红色毛状带藻的植物，把那里的海水染成了红色。这种植物的个体并不大，有点像丝带的样子，平常生长在较深的海水中，但要周期性地浮到水面上来。它细胞中含有的红色色素较多，所以整个植物体呈现红色。无数的红色毛状带藻密集成片地浮在海水里，于是就把蔚蓝色的海水"染"成了红色，这就是"红海"的由来。

那么，红色毛状带藻是不是属于红藻这一家族呢？不，它属于一种叫作蓝藻的家族。

你知道吗

色素

白光照在物质上，特定波长的光被吸收，其他波长的光被反射出去，因此我们才能看到该物质特有的颜色。这样有选择性的将特定波长的光吸收或反射的物质叫作色素。

蓝藻都含有一种特殊的蓝色色素。但蓝藻也不全是蓝色的，因为它们体内含有多种色素，由于各种色素的比例不同，所以不同的蓝藻就有不同的色彩。红色毛状带藻含有的红色色素较多，所以呈现红色了。

有一次一艘轮船驶过格陵兰岛，海员们发现海岸上的雪是鲜红的，大家感到很奇怪，于是上

岸去看看，一检查才知道那里的雪还是普通的白雪，只是在白雪上覆盖着薄薄的一层鲜红颜色。这层颜色是怎么来的呢？那是由极简单极微小的雪生衣藻、雪生黏球藻造成的。它们小得连肉眼都看不清楚，但颜色鲜红，不怕冷，而且繁殖很快，只要几个小时就能把一大片白雪覆盖起来。

另外，还有一些黄色藻类，如勃氏原皮藻、雪生斜壁藻等，它们细胞中含有大量溶有黄色素的固体脂肪，能把白雪变成"黄雪"。

在阿尔卑斯山和北极地区，会常遇到"绿雪"，那是由于绿藻类中的雪生针联藻等大量繁生的结果。1902年有人在瑞士高山上发现了一种"褐雪"，据研究，这主要是针线藻造成的。至于"黑雪"，不过是深色的褐雪罢了。

在雪中生长的藻类叫作冰雪藻或雪生藻类。它们常常出现在南北两极和高山地区，在雪地里大量繁生以后就把积雪"染"成各色彩雪。如果暴风把这些藻类从地面上刮到高空中去，和雪片沾在一起，那就成了一场从天而降的彩雪了。

知识小链接

黄 色 素

黄色素与花青素同为苯并吡喃的衍生物，也是一种配糖物，糖基为葡萄糖或鼠李糖，配糖体为黄酮或黄酮醇。黄酮、黄酮醇为黄色结晶，黄烷酮、黄烷酮醇为无色结晶，均溶于水。黄色素广泛存在于植物的花、叶、茎和果实中，多为黄色。它易与金属离子作用而改变颜色，这一点在食品加工尤其是装罐食品生产时十分重要。黄色素在空气中也容易被氧化，产生褐色沉淀，这是果汁置久变色产生浑浊的一个原因。

吃人魔王日轮花

在南美洲亚马孙河流域那茂密的原始森林和广袤的沼泽地带里，生长着一种令人畏惧的吃人植物叫"日轮花"。日轮花长得十分娇艳，其形状酷似齿

轮，故而得名。

　　长得十分娇艳的日轮花，花形类似日轮，有兰花般的诱人香味，叶片有 3~4 厘米长。如果有人被那细小艳丽的花朵或花香所迷惑，上前采摘时，只要轻轻接触一下，不管是碰到了花还是叶，那些细长的叶子就立即会像鸟爪子一样伸展过来，将人拖倒在潮湿的地上。同

日轮花

时，躲藏在日轮花旁边的大型蜘蛛——黑寡妇蜘蛛，便迅速赶来咬食人体。这种蜘蛛的上腭内有毒腺，能分泌出一种神经性毒蛋白液体，当毒液进入人体，就会致人死亡。尸体就成了黑蜘蛛的食粮。黑蜘蛛吃了人的身体之后，所排出的粪便是日轮花的一种特别养料。

　　因此，日轮花就潜心尽力地为黑寡妇蜘蛛捕猎食物，它们狼狈为奸，凡是有日轮花的地方，必有吃人的黑寡妇蜘蛛。当地的南美洲人，对日轮花十分恐惧，每当看到它就要远远避开。

趣味点击

黑寡妇蜘蛛

　　在毒蜘蛛中，最有名的、毒性最强的是黑寡妇蜘蛛。黑寡妇蜘蛛全身大多为黑色，腹部有红斑，所以又称红斑毒蜘蛛。其实，黑寡妇雄蜘蛛性格较温和，毒性很小，不会袭击人，而黑寡妇雌蜘蛛性情"歹毒"，它们不但袭击其他昆虫，而且吞食自己的"丈夫"，甚至敢攻击招惹它们的人。黑寡妇雌蜘蛛是世界上毒性最大的蜘蛛之一，它的毒液比响尾蛇毒还大 15 倍，它们只需 0.006 毫克的毒液就足以杀死一只老鼠。

陆地上最长的植物

在非洲的热带森林里，生长着参天巨树和奇花异草，也有绊你跌跤的"鬼索"，这就是在大树周围缠绕成无数圈圈的白藤。

白藤也叫省藤，我国云南有的地方也生长。藤椅、藤床、藤篮、藤书架等，都是以白藤为原料加工制成的。

白藤茎干一般很细，只有小酒盅口那般大小，有的还要细些。它的顶部长着一束羽毛状的叶，叶面长尖刺。茎的上部直到茎梢又长又结实，上面长满了又大又尖往下弯的硬刺。它像一根带刺的长鞭，随风摇摆，一碰上大树，就紧紧地攀住树干不放，并很快长出一束又一束新叶。接着它就顺着树干继续往上爬，而下部的叶子则逐渐脱落。白藤爬上大树顶后，还是一个劲儿地长，可是已经没有什么可以攀缘的了，于是它那越来越长的茎就往下坠，在大树周围缠绕成无数怪圈圈。

白藤从根部到顶部，达 300 米，比世界上最高的桉树还长 1 倍。据资料记载，白藤长度的最长纪录竟达 400 米。陆地上还有比这更长的植物吗？没有了！

花草大观

隐居地下的草

我们都知道植物生长离不开阳光，可是在我国的内蒙古、甘肃、新疆的沙质荒漠和草原地带，却生长有两种"隐居地下"的草。肉苁蓉和锁阳就是这两位"隐士"的名字。它们虽然隐居在荒僻的地带，但却都是著名的药用草。

在没有阳光的地下，任何植物都无法进行光合作用。那么，我们这两位能够在地下隐居 3～5 年的"隐士"，是靠什么来供应自己生长的需要呢？原来，肉苁蓉和锁阳这两位地下的"隐士"，竟然是两个不光彩的寄生者。它们是靠着吸取梭梭、怪柳等沙漠植物的养分来维持自己生长的需要的。在黑暗

的地下，它们寄生在其他植物的根部，养尊处优，养得肥肥胖胖。根本就用不着叶子进行光合作用、自己生产自己所需要的养分，所以它们的叶子退化成了小鳞片状，完全丧失了进行光合作用的能力。

当三五年的时间过去，在肉苁蓉和锁阳的生命即将结束的时候，它们才匆匆忙忙地从肉质茎上长出一个粗壮肥大的花序，钻出地面，在短短的三四天里，开出花朵，结出数以万计的种子，然后死去。那些种子随风飘荡，当遇到合适的寄主时，它们便钻入地下，重新过起不劳而获的地下隐居生活。

基本小知识

花　序

被子植物的花，有的是单独一朵生在茎枝顶上或叶腋部位，称单顶花或单生花，如玉兰、牡丹、芍药、莲、桃等。但大多数植物的花，密集或稀疏地按一定排列顺序，着生在特殊的总花柄上。花在总花柄上有规律的排列方式称为花序。

肉苁蓉和锁阳为什么要过这不光彩的地下隐居生活呢？原来，西北的荒漠地带，气候十分干旱、恶劣，为了生存下去，顺利地传宗接代，它们在千万年的生存竞争中，逐步形成这套能够适应恶劣环境的奇特本领。

能帮助人找矿的草

矿藏埋藏在地下，人们一般不容易发现。然而有许多植物能够成为地质勘探队员的好向导，帮助他们找到所要找到的矿藏。

在我国的长江沿岸，生长着一种名叫海州香薷的草，草茎是方形的，能散发出浓郁的香气，它开出的花朵，颜色原本是紫红色，如果花色变蓝，那里就往往能够找到铜矿。海州香薷为什么能指示出地下埋藏有铜矿呢？这是因为它喜欢生长在含有大量铜元素的酸性土壤中，在这样的土壤中，它吸收了铜离子，它的花也因为铜离子作用变成了蓝色或蔚蓝色。因海州

香薷能帮助人们找到铜矿，所以，人们又给它取了一个十分贴切的名字叫"铜草"。

知识小链接

七 瓣 莲

七瓣莲为报春花科七瓣莲属的植物，分布于欧洲大陆、北美洲的亚寒带地区以及中国内地的吉林、内蒙古、黑龙江、河北等地，生长于海拔700～2000米的地区，多生于针叶林和混交林下，目前尚未由人工引种栽培。

科学家研究发现，在异极草、林堇菜聚集生长的地方，往往会找到锌矿。在有鸡脚蘑、凤眼兰生长的地方，可能有金矿。在生长有大量针茅草的地方，可能会有镍矿。在有喇叭花大量生长的地方，可能会有铀矿。在七瓣莲聚生的地方，地下可能埋藏有锡矿。在有大批铃形花生长的地区，就有可能找到磷灰石矿。在富含锌的地方，三色堇不但长得特别茂盛，而且花开得格外鲜艳。

由于植物具有将土壤中或水中的矿质元素浓集到体内的奇特本领，所以它们不仅可帮助人们找矿，而且还是采矿"能手"。在地球上，矿物质比较分散，有的矿藏含量很低，提炼起来比较困难，开采需要付出很大代价，于是人们就请一些植物来帮助开采这些矿藏。

在巴西的缅巴纳山区，生长着许多暗红色的小草，这种草嗜铁如命，在体内富集了大量的铁

广角镜

重金属

相对密度在5以上的金属，称作重金属。原子序数从23（V）至92（U）的天然金属元素有60种，除其中的6种外，其余54种的相对密度都大于5，因此从相对密度的意义上讲，这54种金属都是重金属。但是，在进行元素分类时，其中有的属于稀土金属，有的划归了难熔金属，最终在工业上真正划入重金属的为10种金属元素：铜、铅、锌、锡、镍、钴、锑、汞、镉和铋。这10种重金属除了具有金属共性及密度大于5以外，并无其他特别的共性。

花草大观

元素，它的含铁量甚至比相同重量的铁矿石还高，因此人们称它为"铁草"。把这种草收割起来，经提炼后即可得到高质量的铁。

无独有偶，有一种"锌草"喜欢生长在含锌丰富的土壤中，它的根系从土壤中吸收锌，就贮存在体内。用"锌草"来提炼锌，从燃烧后的每千克"锌草"的灰烬中可得到294克锌。

黄金是贵重金属，将玉米种植在含有金矿的地方，便可以从玉米植株中提取金子，捷克科学家巴比契卡从1千克玉米灰里获得了10克金子。日本地质学家发现马鞭草科的一种叫薮紫的落叶灌木，对金元素具有极强的吸收能力，所以从这种植物体中也可以提炼到金子。钽是一种稀有金属，提炼很困难，价格昂贵。紫苜蓿具有富集钽的本领，人们将它种植在含有钽的土壤中，从大约40公顷的紫苜蓿中可提炼出200克的钽。另外有一种亚麻植物，对铅元素具有较强的吸收能力，从它燃烧后的灰里，氧化铅含量可高达52%，简直成了"植物矿石"。

人们还可以利用水生植物从水中采矿或回收废水中的贵重金属。如生长在大海里的海带，能从海水中富集大量的碘元素，因此人们就把它作为向大海要碘的好帮手。又如，水浮莲能从废水中吸收金、银、汞、铅等重金属。据测定，667平方米面积的水浮莲每4天就可从废水中获取75克的汞。

正是因为植物具有富集一些矿质元素的本领，所以人们可以有目的地筛选和培育出适当的植物，来帮助人类采矿。

草本植物中的"金刚"

地球上已发现的植物大约有40余万种，草的种类约占2/3。我们把这近30万种的植物统称草本植物。稻、麦、青菜等都是草本植物。

草本植物给人的印象是体形一般比较矮小，墙隅小草长不及五六厘米，稻子、小麦也仅1米上下。但是在草本植物这个大家族里，也有身躯庞大的"金刚"，它叫旅人蕉。这尊"金刚"高达20多米，有六七层楼高，是世界上最大的草本植物。

草本植物

基本
小知识

　　草本植物的植物体木质部较不发达至不发达，茎多汁，较柔软，按草本植物生活周期的长短，一般可分为一年生、二年生植物或多年生。草本植物多数在生长季节终了时，其整体部分死亡，包括一年生和二年生的草本植物，如水稻、萝卜等；多年生草本植物的地上部分每年死去，而地下部分的根、根状茎及鳞茎等能生活多年。

　　有趣的是，旅人蕉的叶片底部像个大汤匙，里头贮存着大量的清水。这种植物原产于热带沙漠。当旅行者旅行时，随身携带的饮水喝光，燥渴难忍时，若幸运地遇到它，只要折下一叶，就可以痛饮甘美清凉的水。因此，人们给它起名"旅人蕉"。又因为它含水多，所以又叫"水树"。但是实际上它不是树，而是世界上最大的草本植物。

　　旅人蕉的家乡在非洲的马达加斯加岛，我国海南岛也有栽种。

树木无奇不有

SHENGWUQUAN DA JI EMI

　　树能调节气候，保持生态平衡，树木通过光合作用吸进二氧化碳，吐出氧气，使空气清洁新鲜，一亩树林放出的氧气够 65 人呼吸一辈子；树能防风固沙，涵养水土；树林能减少噪音污染；树木的分泌物能杀死细菌；树可以降低温度、提高湿度。树木对生态环境的这些益处足以让你想更深入地了解它们了吧！世界上的树木无奇不有，有种树能灭火你知道吗？还有挂满面条的面条树，还有威力无穷的"炸弹树"，还有夜间可以在树下看书的"发光树"。信不信由你吧！

"灭火树"是如何灭火的

　　树木遇火就会燃烧，而森林中有成千上万株树木，一旦发生火灾，那严重的后果是可想而知的。因此防止森林火灾是各国林业工作人员的一大课题。可是你知道吗，在大自然中，还有一种会自己灭火的"灭火树"。

　　这种不仅不怕火烧，而且还会灭火的奇特的树木生长在非洲丛林中，本名叫"梓柯树"。在非洲安哥拉西部流传着一句谚语："盖房要用梓柯树，不怕火灾安心住。"有一位科学家曾对这种树的灭火性做过试验。他故意在一棵梓柯树下用打火机点火吸烟。当他的打火机中的火光一闪时，顿时从树上喷出了无数条白色的液体泡沫，劈头盖脸地朝这位科学家的头上身上扑来，使打火机的火焰立刻熄灭，而这位科学家从头到脚都是白沫，浑身湿透，狼狈不堪。这种灭火方式多像普通的人工灭火机，而且"灭火树"还是全自动的呢。

　　梓柯树为什么会有这种高超的灭火本领呢？科学家们经研究发现，在这种树上有一个自动的天然灭火的装置。梓柯树从外表来看，树形高大，枝叶茂密。细长的叶子朝下拖着，长约2.5米，好像长长的辫子。在这茂密的叶子丛中隐藏着许多馒头大小好像是果实的圆球，其实那正是灭火的武器——节苞。节苞上有许多小孔，仿佛洗澡用的淋浴喷头一样，里面装满了白色透明的液体。经化学家们分析，这些液体中含有大量的四氯化碳。

　　梓柯树对火特别敏感，只要它的附近出现火光，梓柯树就立刻会对节苞发出命令，而节苞马上会喷射出液体泡沫，把火焰扑灭，保证自己和周围的林木不受火灾的危害。生物学家估计，梓柯树这种特殊的"灭火"本领可能是一种遗传下来的保护自身的植物生理机能。

"妇女树"之谜

　　意大利自然科学家罗利斯在尼日利亚丛林中发现一棵奇异的树，它高约4米，茎长42厘米，茎的顶端竟长有一个"性器官"。罗利斯经过18个月的观

察，初步发现了这棵奇树的秘密。

这棵奇树没有花蕾，它的 35 朵花就像动物生育后代一样，是从"性器官"分娩出来的。奇树分娩后 15 天，鲜花开始枯萎，树的"性器官"也开始萎缩，直到 12 月份，尼日利亚夏天再次来临，才重新出现。

奇树的果实也是在"性器官"内孕育的。就像母体内的胎儿那样，生长期长达 9 个月。它的外胎呈灰色，草质，内有果肉和几颗核，成熟后就离开母体。但种子没有生命力，不会发芽生长。罗利斯把这棵树命名为"妇女树"，他认为"妇女树"大概是土著居民从密林中其他同类树上切树芽移植到居留地，经过精心培育而成活的。

基本小知识

移 植

移植指将植物移动到其他地点种植，后引申为将生命体或生命体的部分转移，将身体的某一部分，通过手术或其他途径迁移到同一个体或另一个体的特定部位，并使其继续存活的方法。

为了证实这一设想，罗利斯在森林中徒步跋涉 500 千米，终于发现了两棵同类的"妇女树"，并证实这种树非常稀有，濒于绝种。这种奇树已引起了植物学界强烈的反应，但它奇特的生理机能，至今却仍然是不解之谜。

树木怎样过冬

植物的许多现象是十分引人深思的。例如，同样从地上长出来的植物，为什么有的怕冻，有的不怕冻？更奇怪的是松柏、冬青一类树木，即使在滴水成冰的冬天里，依然苍翠夺目，经受得住严寒的考验。

其实，不仅各式各样的植物抗冻力不同，就是同一株植物，冬天和夏天抗冻力也不一样。北方的梨树，在 −20℃ ~ −30℃ 能平安越冬，可是在春天却抵挡不住微寒的袭击。松树的针叶，冬天能耐 −30℃ 严寒，在夏天如果人为地降温到 −8℃ 就会冻死。

到底是什么使树木在冬天里变得特别抗冻呢？

广角镜

温血动物

温血动物（恒温动物）在动物学中指的是那些能够调节自身体温的动物，它们的活动性并不像冷血动物（变温动物）那样依赖外界温度。鸟和哺乳动物会通过新陈代谢产生稳定的体温，这体现在基础代谢率上。温血动物（恒温动物）的基础代谢率远高于冷血动物（变温动物）。

过去国外一些学者说，植物可能与温血动物一样，本身也会产生热量，它是由导热系数低的树皮组织加以保护的缘故。另一些科学家则认为主要是冬天树木组织含水量少，所以在冰点以下也不易引起细胞结冰而死亡。但是，这些解释都难以令人满意。因为现在人们已清楚地知道，树木本身是不会产生热量的，而在冰点以下的树木组织也并非不能冻结。在北方，柳树的枝条、松树的针叶，冬天不是冻得像玻璃那样发脆吗？然而，它们都依然活着。

那么，秘密究竟何在呢？

原来，树木为了适应周围环境的变化，每年都用"沉睡"的妙法来对付冬季的严寒，树木的这个本领很早以前就已经锻炼出来了。

树木要生长就要消耗养分，春夏树木生长快，养分消耗多于积累，因此抗冻力也弱。但是，到了秋天，情形就不同了，这时候白昼温度高，日照强，叶子的光合作用旺盛；而夜间气温低，树木生长缓慢，养分消耗少，积累多，于是树木越来越"胖"，嫩枝变成了木质……逐渐地树木也就有了抵御寒冷的能力。

拓展阅读

导热系数

导热系数是指在稳定传热条件下，1米厚的材料，两侧表面的温差为1度（K，℃），在1秒内，通过1平方米面积传递的热量，用λ表示，单位为瓦/米·度，W/m·K（W/m·K，此处的K可用℃代替）。

然而，别看冬天的树木表面上呈现静止的状态，其实它的内部变化却

很大。秋天积贮下来的淀粉，这时候转变为糖，有的甚至转变为脂肪，这些都是防寒物质，能保护细胞不易被冻死。如果将组织制成切片，放在显微镜下观察，还可以发现一个有趣的现象：平时一个个彼此相连的细胞间的连接丝都断了，而且细胞壁和原生质也离开了，好像各管各一样。这个肉眼看不见的微小变化，对植物的抗冻力方面起着巨大的作用。当组织结冰时，它就能避免细胞中最重要的部分——原生质不受细胞间结冰而招致损伤的危险。

基本小知识

原 生 质

原生质是细胞内生命物质的总称，它的主要成分是蛋白质，核酸，脂质，原生质分化产生细胞膜、细胞质和细胞核。一个动物细胞就是一个原生质团，植物细胞由原生质体和细胞壁组成。

可见，树木的"沉睡"和越冬是密切相关的。冬天，树木"睡"得愈深，就愈忍得住低温，愈富于抗冻力；反之，像终年生长而不休眠的柠檬树，抗冻力就弱，即使像上海那样的气候，它也不能露地过冬。

神奇的猴面包树

在非洲干旱的热带草原上，生长着一种形状奇特的大树——猴面包树。它不但是动物的食物来源，而且还是世界上最粗的药用树。

猴面包树学名叫波巴布树，又名猢狲木，别称猴面包树或酸瓠树，是大型落叶乔木。猴面包树树冠巨大，树杈千奇百怪，酷似树根，远看就像是摔了个倒栽葱。它

猴面包树

树干很粗，最粗的直径可达 12 米，要 40 个人手拉手才能围它一圈，但它个儿头又不高，只有 10 多米。因此，整棵树显得像一个大肚子啤酒桶。远远望去，树似乎不是长在地上，而是插在一个大肚子的花瓶里，因此又称"瓶子树"。

猴面包树的树形壮观，果实巨大如足球，甘甜汁多，是猴子、猩猩、大象等动物最喜欢的美味。当它果实成熟时，猴子就成群结队而来，爬上树去摘果子吃，"猴面包树"的称呼由此得来。

基本小知识

落叶乔木

落叶乔木，每年秋冬季节或干旱季节叶全部脱落的乔木。一般指温带的落叶乔木，如山楂、梨、苹果、梧桐等。落叶是植物减少蒸腾、度过寒冷或干旱季节的一种适应习性，这一习性是植物在长期进化过程中形成的。落叶的原因是由短日照引起的，其内部生长素减少，脱落酸增加，产生离层的结果。

除了非洲，地中海、大西洋和印度洋诸岛，澳洲北部也都可以看到猴面包树。猴面包树不管长在哪儿，树干虽然都很粗，木质却非常疏松，可谓外强中干、表硬里软。这种木质最利于储水，因此它有独特的"脱衣术"和"吸水法"。

你知道吗

根 系

根系指一个植株全部的根的总称，分为直根系和须根系。直根系指植物的根系由一明显的主根（由胚根形成）和各级侧根组成；须根系指植物的根系由许多粗细详尽的不定根（由胚轴和下部的茎节所产生的根）组成。

每当旱季来临，为了减少水分蒸发，它会迅速脱光身上所有的叶子。一旦雨季来临，它就利用自己粗大的身躯和松软的木质代替根系，如同海绵一样大量吸收并贮存水分，待到干旱季节慢慢享用。据说，它能贮几千千克甚至更多的水，简直可以称为荒原的贮水塔了。

在沙漠旅行，如果口渴，不必动用"储备"，只需用小刀在

随处可见的猴面包树的肚子上挖一个洞，清泉便喷涌而出，这时就可以拿着缸子接水畅饮一番了。因此，不少沙漠旅行的人说："猴面包树与生命同在，只要有猴面包树，在沙漠里旅行就不必担心。"

猴面包树浑身是宝。其鲜嫩的树叶是当地人十分喜爱的蔬菜。叶子能做汤或者可以喂马，种子能炒食，果肉可以食用或制成饮料。果实、叶子以及树皮都可以入药，并且具有养胃利胆、清热消肿、止血止泻的功效，还含有抵抗胃癌细胞形成和扩散的物质。它还曾被用来治疗疟疾，起退热作用，其树叶和果实的浆液，至今还是当地常用的消炎药物。

秋树红叶之谜

树木无奇不有

人们平时总是说"绿叶红花"，仿佛叶子总是绿色的。确实，在大自然中，树叶和其他植物的叶子在绝大多数时间里几乎都是绿色的。可也有些树种，在秋天时它的树叶颜色会起变化。有名的北京一景——香山红叶，那漫山遍野的红叶，让游人流连忘返。江南一带的枫树，到了秋天，也是一派"红枫如火"的景象。唐代大诗人杜牧的名句"霜叶红于二月花"便是对秋天红叶的赞美。

那么，叶子怎么会变成红色的呢？原来叶子的颜色是由它所含的色素来决定的。一般的叶子含有大量的绿色色素，我们叫它叶绿素。除了叶绿素外还有黄色或橙色的胡萝卜素、红色的花青素，等等。

知识小链接

花　青　素

花青素是一种水溶性色素，可以随着细胞液的酸碱改变颜色。细胞液呈酸性则偏红，细胞液呈碱性则偏蓝。花青素是构成花瓣和果实颜色的主要色素之一。花青素为植物二级代谢产物，在生理上扮演重要的角色。

叶子的叶绿素和胡萝卜素是进行光合作用的色素。它们在阳光作用下，吸收二氧化碳和水，吐出氧气，产生淀粉，所以叶绿素是十分活跃的家伙，但它也很容易被破坏。夏天的叶子能保持绿色，是因为不断地有新的叶绿素来代替那些褪色的老叶绿素。到了秋天，天气逐渐转冷，影响了叶绿素的产生。叶绿素遭破坏的速度超过了它生成的速度，于是树叶的绿色逐渐褪掉，变成了黄色。那黄色就是因为胡萝卜素还留在叶子里。

但是有些树种的树叶随着天气的变化会产生大量的红色花青素，于是叶子就开始变红了。叶子产生花青素的能力和它周围环境的变化有很大关系。如冷空气一来，气温突然下降，植物中的花青素就容易形成。因此秋天有些树上的树叶就会变红。

秋天的红叶为景色增添了色彩，使大自然变得更加美丽、迷人。可是至今为止，人们对于花青素究竟是怎样的物质，它在植物叶子中起什么作用还不清楚。这将有待于科学家们的进一步研究。

最毒古树——见血封喉树

热带丛林中生长着一种"见血封喉树"，其干、枝、叶等都含有剧毒汁液。在我国海南的台地、丘陵乃至低海拔林地，偶尔可见这种被当地人称为"鬼树"的见血封喉树。

见血封喉之"毒"并非耸人听闻。中国热带农业科学院品种资源研究所副所长王祝年想起同事的遭遇至今心有余悸。他说，"华南热带农业大学植物园有一专门培育见血封喉种苗的苗圃，一次同事去苗圃里拔见血封喉幼苗时，不慎擦破手皮，不久该同事的手掌竟红肿了起来，而且愈来愈严重……幸亏毒液没有渗得很深，剂量也很少，否则后果不堪设想。"

研究发现，见血封喉的干、枝、叶子等都含有剧毒的浆汁。人类若误吃其汁或流血伤口沾上，便会出现中毒症状，严重者造成心脏麻痹致死。故海南许多地方的村民称之为"鬼树"，不敢去触碰它、砍伐它，生怕有生命危险。在海南的台地、丘陵乃至低海拔林地，虽经人为垦殖破坏，但仍可偶见高大而孤立的见血封喉树。善良的人们常会在见血封喉树下围放或种植带刺的灌木丛，不让人畜接触它。在植物园或森林公园若有此树，更要

设提示牌提醒人们不要去碰它，以免发生意外。对见血封喉之毒，民谚有："七上八下九不活。"

在过去，为保卫家园，加里曼丹岛伊兰山脉附近小山村的村民们不得不利用"见血封喉"杀敌。

无独有偶。在过去，海南黎族的猎手也常用此树的浆汁涂在箭头上，以猎取鸟兽。据说中箭的鸟兽只要擦伤皮流点血，便会在3分钟内死去，故也有人称见血封喉树为"箭毒木"。

见血封喉树，是世界上木本植物中最毒的一种树。该树虽毒，但可剥皮取出纤维，用来纺织妇女穿的筒裙。

树木无奇不有

拓展阅读

黎 族

黎族是中国岭南民族之一，以农业为主，妇女精于纺织，"黎锦"、"黎单"闻名于世。民族语言为黎语，属于汉藏语系壮侗语族黎语支，不同地区方言不同。在接近汉族的地区和各民族杂居的地方，黎族群众一般都能讲汉语（指海南方言）、苗语等，同时黎语也吸收了不少汉语的词汇，尤其是新中国成立后吸收的有关政治、经济、文化各方面新词汇就更多了。黎族没有本民族文字，新中国成立后逐渐通用汉文。1957年曾创制拉丁字母形式的黎文方案。

盐碱地里的骄子——木盐树

在我国黑龙江省与吉林省交界处，有一种六七米高的树，每到夏季，树干就像热得出了汗。"汗水"蒸发后，留下的就是一层白似雪花的盐。人们发现了这个秘密后，就用小刀把盐轻轻地刮下来，拿回家用来炒菜。据说，它的质量可以跟精制食盐一比高低。于是，人们给了它一个恰如其分的称号——木盐树。

树是如何能生产盐的呢？一般植物喜欢生长在含盐少的土壤里。可有些地方的地下水含盐量高，而且部分盐分残留在土壤表层里，每到春旱时节，

你知道吗

盐碱地

　　盐碱地是指土壤中含有较多盐分的土地。土壤里面所含的盐分影响到作物的正常生长。根据联合国教科文组织和粮农组织不完全统计，全世界盐碱地的面积为 9.5438 亿公顷，其中我国为 9913 万公顷。我国碱土和碱化土壤的形成，大部分与土壤中碳酸盐的累积有关，因而碱化度普遍较高，严重的盐碱土壤地区植物几乎不能生存。盐碱地在利用过程当中，简单地说，可以分为轻盐碱地、中度盐碱地和重盐碱地。

地里出现一层白花花的碱霜，这就是土壤中的盐结晶出来了。人们把以钠盐为主要成分的土地叫作盐碱地，山东北部和河北东部的平原地区有不少这样的盐碱地。还有滨海地区，因用海水浇地或海水倒灌等原因，也有大片盐碱地。植物能在这样的土壤里生存，的确得有些与众不同之处。否则，根部吸收水分就会发生困难，同时，盐分在体内积存多了也会影响细胞活性，会使植物被"毒"死。

　　木盐树就是利用"出汗"方式把体内多余盐分排出去的。它的茎叶表面密布着专门排放盐水的盐腺，盐水蒸腾后留下的盐结晶，只有等风吹雨打来去掉了。

　　瓣鳞花生活在我国甘肃和新疆一带的盐碱地上，它也会把从土壤中吸收到的过量的盐通过分泌盐水的方式排出体外。科学家为研究它的泌盐功能，做了一个小实验，把两株瓣鳞花分别栽在含盐和不含盐的土壤中。结果，无盐土壤中生长的瓣鳞花不流盐水，不产盐；含盐土壤中的瓣鳞花分泌出盐水，能产盐。所以，木盐树和瓣鳞花虽然从土壤中吸收了大量盐分，但能及时把它们排出去，以保证自己不受盐害。新疆还有一种异叶杨，树皮、树杈和树窟窿里有大量白色苏打——碳酸钠，这也是分泌出的盐分，只是不同于食盐罢了。

刀枪不入的树——神木

在俄罗斯西部的沃罗涅日市郊外，生长着一种独特的树木，当地人把它叫作"神木"。

据说300年前，彼得大帝领导着俄军与土耳其人在亚速海面发生了一场激烈的海战，土耳其人集中所有的大炮对着彼得大帝的指挥舰猛攻，炮弹雨点般落到甲板上。谁知这些炮弹刚碰到船体就弹开，"扑通、扑通"滑入水中，船体一点也没受损，最终俄军大胜。

为什么彼得大帝的军舰不怕炮弹？原来，这条船是用一种被称为"神木"的带刺的橡树木做成的。这种木材紫黑色，看上去平平常常，但它却坚硬似钢铁，不怕海水泡，不怕烈火烧，木匠们用它制作指挥战舰，不知使坏了多少把锯子、凿子、刨子，用了九牛二虎之力才得以完成。这场大海战之后，"神木"便成了俄罗斯的国宝。

后来经过科学家的研究发现，在这些木纤维的外面包裹着一层表皮细胞分泌的半透明胶质，这种胶质含有铜、铬、钴离子以及一些氯化物，遇到空气会迅速变硬。正因为如此，刺橡木才会坚硬如铁，不怕子弹，不怕火烧。

类似于钢铁般坚硬的木头我们国家也有，在云南的西双版纳有一种叫铁刀木的树，它生就一副钢筋铁骨的身躯，刀枪不入，钉子也钉不进去，如果放进水里，它会像铁块那样往下沉。这种树可以代替钢铁充当机器零件，用处可大了。可

广角镜

铁刀木

豆科决明属常绿乔木，又名泰国山扁豆、孟买黑檀、孟买蔷薇木，因材质坚硬刀斧难入而得名。本属约500种，广布于热带、亚热带及温带地区，有乔木、灌木与草本。铁刀木系本属中很有经济价值的乔木树种之一。树高可达20米，树皮深灰色，小枝粗壮，稍具棱，疏被短柔毛。

惜它生长太慢，从幼苗到长大成材，需要好几百年的时间。

会发光的灯笼树

灯笼树是生长在我国中部一带的杜鹃花科的落叶灌木。它只有 2~6 米高。每当夏日，它的枝端两侧便挂着十几朵肉红色的酷似钟形的花朵，所以又称为吊钟花。

灯笼树的果实在 10 月里成熟，椭圆形，棕色。有趣的是，它的果梗完全向下垂着，而先端弯曲向上，这样结出的果实却是直立的。每逢晴天的

灯笼树

夜晚，它就会发出荧光点点，恰似高悬着的千万盏小灯笼，为过往行人照明指路。为什么灯笼树会发光呢？因为灯笼树吸收土壤里的磷质的本领很强，这些磷质分布在树叶上，放出少量磷化氢气体。这些气体燃点低，在空气中能自燃，发出淡蓝色火焰——温度很低的冷光。在晴朗无风的夜晚，这些冷光聚拢起来，恰似山间的一盏盏路灯，灯笼树因此而得名。

灯笼树不仅花果美丽，而且叶子入秋后变为浓红，不是枫叶，却胜似枫叶，因此是极有前途的园林观赏树木。

在自然界中，能发光的植物并不多，除了我国的灯笼树外，还有生长在非洲的夜光树，其他大部分都是海洋植物。现在人类

广角镜

荧光素

荧光素是具有光致荧光特性的染料，荧光染料种类很多。目前常用于标记抗体的荧光素有以下几种：异硫氰酸荧光素，四乙基罗丹明，四甲基异硫氰酸罗丹明，酶作用后产生荧光的物质。

受灯笼树发光机制的启发并运用科学技术，已经可以复制出这种会发光的自然奇观了。由于植物具有生态适应性以及胁迫可诱导性，人们采用循序渐进的方法，对植物进行生理的适应性诱导，根据植物在临界环境压力下可实现自身生理潜能的诱导原理，采用浸泡或静电喷雾的方法，使植株表面充分而均匀地吸收，附着荧光素便可以达到良好的物理发光效果。

奇特的光棍树

在非洲的东部或南部，有一种奇异有趣的树。这种树无论春夏秋冬，总是秃秃的，全树上下看不到一片绿叶，只有许多绿色的圆棍状肉质枝条。根据它的奇特形态，人们给它起了个十分形象的名字叫"光棍树"。

众所周知，叶子是绿色植物制造养分的重要器官。在这个"绿色工厂"里，叶子中的叶绿素在阳光的作用下，将叶面吸收的二氧化碳和根部输送来的水分，加工成植物生长需要的各种养分。如果没有这个奇妙的"加工厂"，绝大多数绿色植物就难以生长存活。既然是这样，那为什么光棍树不长叶子呢？它靠什么来制造养分、维持生存呢？要想揭开这个谜，我们还是先来看看它的故乡的生活环境吧。

基本小知识

叶 绿 素

　　叶绿素是一类与光合作用有关的最重要的色素。光合作用是通过合成一些有机化合物将光能转变为化学能的过程。叶绿素实际上存在于所有能营造光合作用的生物体，包括绿色植物、原核的蓝绿藻（蓝菌）和真核的藻类。叶绿素从光中吸收能量，然后能量被用来将二氧化碳转变为碳水化合物。

光棍树原产东非和南非。那里的气候炎热、干旱缺雨，蒸发量十分大。在这样严酷的自然条件下，为适应环境生存下去，原来有叶子的光棍树，经

树木无奇不有

45

过长期的进化，叶子越来越小，而后逐渐消失，终于变成今天这副怪模样。光棍树没有了叶子，就可以减少体内水分的蒸发，避免了被旱死的危险。虽然没有绿叶，但光棍树的枝条里含有大量的叶绿素，能代替叶子进行光合作用，制造出供植物生长的养分，这样它就得以生存了。但是，如果把光棍树种植在温暖潮湿的地方，它不仅会很容易地繁殖生长，而且还可能会长出一些小叶片呢！这也是为适应湿润环境，生长出一些小叶片，可以增加水分的蒸发量，从而达到保持体内的水分平衡。

光棍树属大戟科灌木，高可达 4～9 米，因它的枝条碧绿、光滑，有光泽，所以人们又称它为绿玉树或绿珊瑚。光棍树的白色乳汁有剧毒，观赏或栽培时需特别小心，千万不能让乳汁进入人的口、耳、眼、鼻或伤口中。但这种有毒的乳汁却能抵抗病毒和害虫的侵袭，从而起到保护树体的作用。另据实验表明，光棍树乳汁中碳氢化合物的含量很高，是很有希望的石油植物。

像光棍树这样的木本植物世界上还有几种，如木麻黄、梭梭和假叶树，也是同光棍树一样的光有枝而无叶的树。

知识小链接

木 本 植 物

木本植物指根和茎因增粗生长形成大量的木质部，而细胞壁也多数木质化的坚固的植物，是草本植物的对应词。地上部分为多年生，分乔木和灌木。植物体木质部发达，茎坚硬。

分泌奶汁的树——奶树

在摩洛哥西部的平原上，有一种会给"子女"喂奶的树，它的原名叫"蓬尹迪卡萨里尼特"，意思是"善良的母亲"。

这位"慈母"有 3 米多高，全身赤褐色，叶片长而厚实，花球洁白而美丽。每当花球凋谢时，会结出一个椭圆形的奶苞，在苞头的尖端生长出一种

像椰条那种形状的奶管。奶苞成熟后奶管里便会滴出黄褐色的"奶汁"来。

奶树是不用种子繁殖的，而是从树根上萌生出小奶树。因此，经常能看到在大树的周围，有许多丛生着的幼树。大树的奶汁滴在这些小树狭长的叶面上，小树就靠"吮吸"大树的奶汁生长发育。当小奶树长大后，大奶树就自然从根部发生裂变，给小奶树"断奶"，并脱离小奶树。这时，大奶树分离部分的树冠也随即开始凋萎，让小奶树接受阳光和雨露。

奶树是世界珍稀树种之一，由于它自身的繁殖力薄弱，在摩洛哥面临绝灭的危机。现在，科学家正在研究保护奶树和育种繁殖奶树的办法。摩洛哥奶树分泌的奶液不能食用，可是南美地区有一种奶树流出的汁液，却是一种富含营养的饮料，可与最好的牛奶媲美。当地居民常把它栽在村庄附近，用小刀在它身上划开一条口子，它就会流出清香可口的"牛奶"来。

拓展思考

裂 变

多指核裂变，是一个重原子的原子核分裂为两个或更多较轻原子核、并在分裂时由两到三个自由中子释放巨大能量的过程。裂变时释放的能量是相当巨大的，1千克铀–235的全部核的裂变将产生20000兆瓦小时的能量（足以让20兆瓦的发电站运转1000小时），与燃烧300万吨煤释放的能量一样多。

树木无奇不有

有趣的"蝴蝶树"

在美国蒙特利松林里，有一种树的树皮呈深绿而近墨黑色，树叶很长，树枝粗糙，表面布满了青苔。

奇怪的是，每到秋天，当数不清的彩蝶从北方定期飞往南方去度过寒冷冬天时，都不约而同地纷纷降落在这些黑松树上而不再往前飞行。它们一只又一只地趴满松树的枝叶，双翅紧合，纹丝不动。霎时，这儿便成了"蝴蝶世界"，所有的这种松树都变成了五光十色的蝶树。直到第二年春暖花开时蝴蝶才悄悄飞去。此时这些松树依旧，蝶影全无。"蝴蝶树"至今仍是世界瞩目的"自然之谜"。

美味"面条"——面条树

面条树

原产于非洲马达加斯加岛的面条树，因其果实可长为长达 2 米的细条状而得名。不过，也不仅仅因为"长相"，面条树的果实富含淀粉，待成熟后，当地人将其采摘晾晒，贮藏起来。食用时放在水里煮熟，捞出拌上作料，吃起来味道与我们从超市买来的面粉做成的面条差不多。

面条树属热带多年生常绿大乔木，成材后高 5~30 米，树干修长，纤维笔直，木材特别适合做黑板，所以很多人也称它"黑板树"。此外，面条树枝叶错落，树冠优美，是很好的绿化树种，因此被许多亚洲国家和地区引进。每年 4~5 月开花，7 月结果。花朵白色，内外被茸毛覆盖；蓇葖果成对，下垂，细长如豆角，长达十几到几十厘米不等，也就是人们采摘下来的"面条"，可新鲜食用或晒干储存。

面条树的"面条"虽然好吃，不过，如果不小心把树皮划破，流出的乳白色汁液却是有毒的。马达加斯加人就曾用其制作毒箭，当作抵御外敌和猎取猛兽的武器。原来，树皮内含有很多种生物碱和内酯类物质，如灯台碱、灯台泰因、黄酮苷等，中医将面条树树皮入药，用以治疗支气管炎、百日咳、胃痛、腹泻、疟疾，外用治跌打损伤等。

知识小链接

生 物 碱

生物碱是存在于自然界（主要为植物，但有的也存在于动物）中的一类含氮的碱性有机化合物，有似碱的性质，所以过去又称为赝碱。大多数有复杂的环状结构，氮素多包含在环内，有显著的生物活性，是中草药中重要的有效成分之一。具有光学活性。有些不含碱性而来源于植物的含氮有机化合物，有明显的生物活性，故仍包括在生物碱的范围内。

树木无奇不有

"皮肤树"是什么东西

在墨西哥的奇亚巴斯州生长着一种叫"特别斯"的神奇的树。它对治愈皮肤烧伤有特殊的疗效，因此，人们又称它为"皮肤树"。

特别斯树高达 8 米，只生长在奇亚巴斯一带。据说，早在玛雅文化时期，玛雅人就已知道了"特别斯"的特殊性能。他们把生长了八九年的特别斯的树皮剥下来晒干，用来烧制玉米饼，再把燃烧后的树皮研碎，筛出细面，将咖啡色粉末敷在烧伤部位，烧伤处很快就能长出新的皮肤。经卫生专家实验确定，它具有极强的镇痛性能，含有两种抗生素和强大的促使皮肤再生的刺

你知道吗

玛雅文化

玛雅文化是世界著名的古文明之一，也是拉丁美洲三大古代印第安文明之一。它是美洲印第安人文化的摇篮，对后来的托尔特克文化和阿兹特克文化具有深远的影响。玛雅文化具有悠久的发展历史，其过程大约从公元前1800年一直延续到公元1524年，可分为前古典期（公元前1800—公元300）、古典期（公元300—900）和后古典期（公元900—1524）三个阶段。其全盛时期约为公元400—900年。

激素。墨西哥红十字会医院曾用"皮肤树"治愈了 2700 名大面积烧伤的病人。目前，在欧洲、日本和美国都已经开始使用"皮肤树面"医治烧伤了。

"酒树"：果实能醉倒一头大象

在南非有一种名叫"玛努力拉"的树，它有着肥大的掌状叶片。这种树结出的果实味道甘醇，颇有"米酒"的风味，故名"酒树"。有趣的是，非洲象非常喜欢这种果实，由于非洲象的胃内温度很适合酿酒酵母菌的生长，因而许多大象在暴食了这种"酒果"之后，往往会大撒酒疯：有的狂奔不已，横冲直撞；有的拔起大树，毁坏汽车；更多的则是东倒西歪，呼呼大睡。

另外，在非洲津巴布韦的怡希河西岸也生长着一种著名的"酒树"——休洛树。由于休洛树能常年分泌出一种香气扑鼻且含有强烈酒精气味的液体，当地人常把这种液体当作天然美酒饮用。每当贵客来访时，主人便将他带到休洛林里，在树干上割一个小口，然后接一杯流淌出来的美酒敬献给客人。

基本小知识

酵 母 菌

酵母菌是一些单细胞真菌，是人类文明史中被应用得最早的微生物，可在缺氧环境中生存。目前已知有 1000 多种酵母，根据酵母菌产生孢子（子囊孢子和担孢子）的能力，可将酵母分成三类：形成孢子的株系属于子囊菌和担子菌；不形成孢子但主要通过出芽生殖来繁殖的称为不完全真菌，或者叫"假酵母"（类酵母）。目前已知大部分酵母被分类到子囊菌门。酵母菌主要生长在偏酸性的潮湿的含糖环境中，而在酿酒中，它也十分重要。

威力无穷的"炸弹树"

在南美洲亚马孙河流域生长着一种树，分泌出的汁液竟然可以直接用作汽车燃料。这种树非常粗壮，树干周长可达 1 米。当地的印第安人只要在树上钻些小孔，就可以从每棵树上收取 15 ~ 20 升的汁液。经科学家分析，这种汁液里含有大量的烃类化合物。如果有人拿着火把走近这些树的话，这种树可真的就变成了一枚炸弹。

广角镜

烃类

烃类化合物是碳与氢原子所构成的化合物，主要包含烷烃、环烷烃、烯烃、炔烃、芳香烃。烃类化合物有烷、烯、炔、芳香烃。

在非洲北部还有一种名副其实的炸弹树。这种树的果实如柚子般大小，果皮坚硬，呈黄色。每当果实成熟时会自动爆裂开，锋利的"破片"四处飞射，威力如一颗小型手榴弹，杀伤力很是强大。有些外壳碎片甚至能飞出 20 多米远。爆炸后经常会在附近发现被炸死的鸟类尸体。由于这种树过于危险，人们都不敢把房屋设在它的附近，过路的行人也不敢靠近它。

夜间可以在树下看书的"发光树"

在非洲北部有一种树，白天它与普通树没什么区别，但每到晚上，这种树从树干到树枝通体都会发出明亮的光，这种树便是发光树。由于这种树能够发出强烈的光，当地居民经常把它移植到自家的门前作为路灯使用。夜间，人们不但可以在树下看书甚至还可以做针线活。据科学家解释，这种树之所以会发光，是因为其树根特别喜欢吸收土壤中的磷，这种磷会在树体内转化成磷化氢，而磷化氢一遇到氧气就会自燃，从而使得树身磷光闪烁。

树木无奇不有

知识小链接

荧光粉

荧光粉通常分为光致储能夜光粉和带有放射性的夜光粉两类。光致储能夜光粉是荧光粉在受到自然光、日光灯光等照射后，把光能储存起来，在停止光照射后，再缓慢地以荧光的方式释放出来，所以在夜间或者黑暗处，仍能看到发光。带有放射性的夜光粉是在荧光粉中掺入放射性物质，利用放射性物质不断发出的射线激发荧光粉发光，这类夜光粉发光时间很长。

非洲有罕见的发光树，乌克兰西部却有一个能在夜间发出奇光的"发光森林"。这片森林长约 18 千米，宽约 5 千米。白天看起来与一般森林没有什么两样，可是一到夜间，整个树林像用荧光粉涂过一样放着耀眼的光。即使在雾天深夜，借助这种光也能看清 1600 米以外的物体。据当地农民讲，这片森林不仅会发光，如果人靠近的话，还会有一种热乎乎的感觉。更加奇怪的是，这片林子里不但没有任何飞禽走兽，甚至连昆虫都没有。科学家猜测，这一地区可能有强烈的放射性辐射，草木吸收这些放射性元素后，也产生了发光效应。不过目前这一论断还仅限于猜测，尚无确切的证据能够证明这一说法。

样子奇特的纺锤树

纺锤树生长在南美洲的巴西高原上，是一种身材高大、体形别致的树木。远远望去很像一个个巨型的纺锤插在地里。纺锤树高有 30 米，两头尖细，中间膨大，最粗的地方直径可达 5 米，里面贮水约有 2 吨。雨季时，它吸收大量水分，贮存起来，到旱季时来供应自己的消耗。

每逢雨季，高高的树顶上生出稀疏的枝条和心脏形的叶片，好像一个大萝卜。雨季过后，旱季来临，绿叶纷纷凋零，红花却纷纷开放，这时，一棵棵纺锤树又好像成了插有红花的特大花瓶，所以人们又称它为"瓶子树"。

纺锤树之所以长成这种奇特的模样，跟它生活的环境是分不开的。巴西

北部的亚马孙河流域，炎热多雨，为热带雨林区；南部和东部，一年之中旱季较长，气候干旱，土壤非常干燥，为稀树草原带。处在热带雨林和稀树草原之间的地带，一年里既有雨季，也有旱季，但是雨季较短。因为在非常干旱的环境中，不能适应的植物都被大自然淘汰了。瓶子树为了与这个特定的环境相适应，为了减少体内水分的蒸发与损失，旱季落叶或在雨季萌出稀少的新叶。在雨季来到以后，利用发达的根系尽量地吸收水分，贮水备用。一般一棵大树可以贮水 2 吨之多，犹如一个绿色的水塔，因此，它在漫长的旱季中也不会干枯而死。

纺锤树

树木无奇不有

拓展阅读

热带雨林

热带雨林是地球上一种常见于约北纬10度、南纬10度之间热带地区的生物群系，主要分布于东南亚、澳大利亚、南美洲亚马孙河流域、非洲刚果河流域、中美洲、墨西哥和众多太平洋岛屿。热带雨林地区长年气候炎热，雨水充足，正常年雨量大约为 1750～2000 毫米，全年每月平均气温超过 18℃，季节差异极不明显，生物群落演替速度极快，是地球上过半数动物、植物物种的栖息居所。

瓶子树和旅人蕉一样，可以为荒漠上的旅行者提供水源。人们只要在树上挖个小孔，清新解渴的"饮料"便可源源不断地流出来，解决在茫茫沙海中缺水之急。

全天然有机"牙刷"——"牙刷树"

牙刷是人们日常生活不可或缺的必需生活品。第一支猪鬃毛牙刷，是中国于 1498 年发明的，那是明孝宗的时代，不过用作清洁作用的鬃毛是绑在竹子或骨头上的，形状和现在的牙刷一样。

说到牙刷树，你会想到是像挂满彩灯和节日礼物一样挂满牙刷的圣诞树，还是一棵外形长相酷似牙刷的一头带有长纤维而另一头笔直光滑的奇树呢？其实，都不是，这里介绍的牙刷树是生长在非洲西部热带森林里的一种名叫"阿洛"的树。如果将这种树的树干或枝条锯下来，削成牙刷柄长短的木片，用来刷牙，能将牙齿刷得雪白。将木片放进嘴里，很快会被唾液浸湿，这时顶端的纤维马上散裂开来，摇身一变而成了牙刷上的"鬃毛"，因此称这树为"牙刷树"。

牙刷树树枝的纤维很柔软，又富有弹性。人们只要将树枝稍稍加工，就可以做成理想的天然牙刷。用它刷牙，不必使用牙膏也会满口泡沫。因为树枝里含有大量的皂质和薄荷香油，不仅牙刷得干净，而且清凉爽口，感觉舒适，齿颊留芳。

基本
小知识

薄　荷

薄荷，土名叫"银丹草"，为唇形科植物。"薄荷"即同属其他干燥全草，多生于山野湿地河旁，根茎横生地下。全株青气芳香。叶对生，花小淡紫色，唇形，花后结暗紫棕色的小粒果。薄荷是中华常用中药之一。

不仅如此，牙刷树还具有重要的药用功能，可以用来治疗肾性结肠炎、晕动病、腹部痉挛和支气管哮喘，以及胃酸和胃肠功能失调等临床疾病。

香甜如蜜的糖树

自然界中存在很多种产糖类植物，比如我们熟悉的甘蔗、甜菜等，从它们的身上可以提取我们日常生活中所需要的糖，而在北美洲大量生长着一种可以从树干上分泌出糖分的树——糖树。糖树是槭树的一种，全名糖槭，属多年生落叶乔木，高可达 30～40 米，胸径 60～100 厘米。能产糖的槭树约有 6～7 种，而糖槭的含糖量最为丰富，属世界三大糖料木本植物之一。

每逢春天，人们就开始采割糖槭树的树汁；他们在树干上打孔，再在孔内插管，让白色的树汁顺管流入采集的桶中。在采割季节，每个孔可采得 100 多千克树液。树液的含糖量为 0.5%～7%，有的甚至高达 10%。一棵 15 年树龄的糖槭树，每年可为人们提供 2.5 千克左右的糖，每棵糖槭可连续产糖 50 年，为北美洲提供了最重要的食用糖来源。用糖槭的树液熬出的糖浆，主要成分为蔗糖，其余还有葡萄糖和果糖，呈柠檬色，香甜如蜜，营养价值很高，可与蜜糖相媲美。糖槭中的糖除供食用以外，还可以应用于食品工业，制成各种各样的食品。

树木无奇不有

知识小链接

果 糖

果糖中含 6 个碳原子，也是一种单糖，是葡萄糖的同分异构体，它以游离状态大量存在于水果的浆汁和蜂蜜中，果糖还能与葡萄糖结合生成蔗糖。纯净的果糖为无色晶体，熔点为 103℃～105℃，它不易结晶，通常为黏稠性液体，易溶于水、乙醇和乙醚。果糖是最甜的单糖。

另外在柬埔寨境内也有一种产糖的树，叫"糖棕"，被当地人称为"宝树"。不过它的糖汁不是从树干流出来，而是从花序中割收糖棕的汁液。糖棕树的花序很大，只要将花序用刀子划破，汁液就可流出。糖棕花序的汁液含有大量的糖分，可以饮用，也能熬糖；每天可流满 3 竹筒，可连续半年。一

株大树一年可产糖50千克以上。

"洗衣树"——自然界的洗衣机

在地中海南岸的阿尔及利亚，经常可以看到居民们在河畔、清溪边，头顶蓝天，肩负脏衣，笑语喧哗地用"洗衣树"洗衣的情景。

"普当"在当地语言中的意思是"能除污秽的树"，它是一种生长在碱性土壤上的常绿乔木，枝粗叶阔，浑身赭红，远看犹如红漆的柱子。细心观察，会发现树皮上有许许多多的细孔，并且有黄色的汁液流出，而这些液体里富含大量碱性物质，具有很强的去污作用。用这种树洗涤衣物，洁净清爽，因此人们也称它为"洗衣树"。洗衣服时只要把脏衣服捆在树身上，几小时后，在清水中漂洗一下，就很干净了。

那么，为什么普当会流出富含碱性的液体呢？原来，阿尔及利亚暑热冬暖，树叶的蒸腾作用极大，为了补偿失去的水分，树根须从土壤中吸收大量含碱的水分，而阿尔及利亚地区又是著名的盐碱性土地，这就给普当树的自身健康带来了极大的危害。为适应这一环境，于是不得不在自己身上"造"出许多奇特的细孔，专供排碱用。这是生物适应性的一种表现形式，是自然选择的结果。而排出的这些黄色的液汁，恰恰是一种优质的洗涤剂，有着良好的除脂去污增白作用。

基本小知识

蒸腾作用

蒸腾作用是水分从活的植物体表面（主要是叶子）以水蒸气状态散失到大气中的过程，是与物理学的蒸发过程不同，蒸腾作用不仅受外界环境条件的影响，而且还受植物本身的调节和控制，因此它是一种复杂的生理过程。植物幼小时，暴露在空气中的全部表面都能蒸腾。

仅剩一株的树

享有"海天佛国"盛名的普陀山，不仅以众多的古刹闻名于世，而且是古树名木的荟萃之地。

在普陀山慧济寺西侧的山坡上生长着一株名称"普陀鹅耳枥"的树。这种树在整个地球上只生长在普陀山，而且目前只剩下一株，可见，它该有多么珍贵！因此被列为国家重点保护植物。

普陀鹅耳枥是1930年5月由我国著名植物分类学家钟观光教授首次在普陀山发现的，后由林学家郑万钧教授于1932年正式命名。据说，在20世纪50年代以前，该树在普陀山上并不少见，可惜渐渐死于非命，只留下这一棵。遗存的这株"珍树"高约14米，胸径60厘米，树皮灰色，叶大呈暗绿色，树冠微扁，它虽度过许多大大小小的风雨寒暑，历尽沧桑，却依然枝繁叶茂，挺拔秀丽，为普陀山增光添色。

普陀鹅耳枥

普陀鹅耳枥在植物学上属于桦木科鹅耳枥属。该属植物全世界约有40多种，我国产22种。分布范围相当广泛，在华北、西北、华中、华东、西南一带都有它们的足迹。其中有些种类木材坚硬，纹理致密，可制家具、小工具及农具等。有些种类叶形秀丽，果穗奇特，枝叶茂密，为著名园林观赏植物。

据称，我国只剩一株的树木，除普陀鹅耳枥之外，还有生长在浙江西天

树木无奇不有

目山的芮氏铁木，又名"天目铁木"。这株国宝属于桦木科，铁木属。铁木属这个家庭共有 4 名成员，它们皆为落叶小乔木，分布于我国的西部、中部以及北部地区。可喜的是，仅剩的这株铁木 1981 年结了少数几粒果实，科学工作者已用它进行育苗试验，并进行了扦插繁殖。铁木材质较坚硬，可供制作家具及建筑材料用。

知识小链接

扦插繁殖

　　扦插繁殖即取植株营养器官的一部分，插入疏松润湿的土壤或细沙中，利用其再生能力，使之生根抽枝，成为新植株。按取用器官的不同，又有枝插、根插、芽插和叶插之分。

被称为"森林绞刑架"的树

拓展阅读

斜叶榕的药用价值

　　斜叶榕别名水榕，各地分布，生长在山谷湿润的林中。根、皮、叶入药，性寒，味苦。具清热、消炎、解痉之功效。治高热抽搐、腹泻痢疾、久年风湿、腰脚酸软、足根损伤等症。水煎后热敷患眼，可治风火眼痛。

把绳索套在罪犯的脖子上，将罪犯吊起来，使其因窒息而死亡的刑法叫绞刑，施行绞刑的刑具就叫绞刑架。目前，世界绝大多数国家已不再采用绞刑了，然而在植物王国里，竟然有一些植物会利用绞杀的手段，将其他植物绞死。

　　在热带雨林里，最常见的绞杀植物是榕树、黄葛树、斜叶榕等。在热带雨林中，它们是一群冷酷无情的植物"杀手"，绞杀其他植物。它们先在被绞杀植物

的枝干的凹陷处落脚生根，然后再长出一条条长长的气根，紧紧地缠绕在被绞杀者的树干上，向下延伸，直到扎进土壤里，变成一棵植根于大地的植物。有了充足的营养以后，它们的生长速度加快，有更多的气根生出，将被绞杀者团团包围起来。在上面，这些气根不断地长大变粗，变成了结实的树干，紧紧地把被绞杀者勒住。这时候，被绞杀的树既得不到充足的阳光，又得不到足够的养料，就像被人扼住咽喉一样，一天天衰弱下去，最终被那些可恶的"绞杀者"杀死。

　　是谁把绞杀植物这根可怕的"绞索"套在被绞杀植物的"脖子"上的呢？原来，这是鸟类无意中干的。当鸟儿吃了绞杀植物的种子后，将粪便排泄在被绞杀的植物的枝杈，那些未被消化的绞杀植物种子，落脚生了根，于是一条无情的"绞索"就这样被套在了被绞杀植物的脖子上。

树木无奇不有

奇妙的陆地动物

◀ **SHENGWUQUAN DA JIEMI** ▶

　　生物圈的探秘旅行抵达陆地站了，我们看看陆地上生活着哪些奇妙的动物吧，它们有哪些令你吃惊的本领呢？想想这些问题：响尾蛇的尾巴为什么会发出响声？为什么没有人能找到"象牙矿"呢？岩大袋鼠为什么不喝水？猴子为什么会用自己的尿洗手脚呢？狗能读懂人类的表情吗？浣熊真的那么爱"干净"吗？和我们一起接近这些奇妙的动物吧！

响尾蛇的"热眼"

茫茫黑夜，万籁俱寂。一只田鼠贼头贼脑地从洞口探出头来，发现没有什么危险，于是它两条后腿一蹬，跳到洞外。说时迟，那时快，只见一道黑色闪电袭来，田鼠还没弄明白是怎么回事，就已经被"闪电"吞进肚子里。这"闪电"就是一条响尾蛇。

响尾蛇是怎样发现田鼠的呢？

也许会有人说："蛇眼睛可凶了，又圆又亮，小田鼠一定是让蛇看见了。"这种说法是不正确的！蛇的眼睛虽然又圆又亮，但炯而无神，视力很差，加上夜间漆黑一团，蛇是根本看不到东西的。然而，田鼠千真万确是被蛇发现后捕捉到的，这到底是怎么回事呢？原来响尾蛇是靠自己的"热感受器"来发现田鼠的。田鼠、小鸟和青蛙等小动物都会散发出一定的热量。只要有热量，便会产生一种人眼看不见的光线——红外线，热量不断，这种红外线就不停地向四面八方辐射出去。蛇的热感受器接收到这些红外线之后，就可以判断出这些小动物的位置而一举把它捕获，所以，人们就把蛇的热感受器叫作"热眼"。

响尾蛇"热眼"长在眼睛和鼻孔之间叫颊窝的地方。颊窝一般深 5 毫米，只有一粒米那么长。这个颊窝是个喇叭形，喇叭口斜向朝前，被一片薄膜分成内外两个部分，里面的部分有一个细管与外界相通，所以里面的温度和蛇所在的周围环境的温度是一样的，而外面的那部分却是一个热

你知道吗

红外线

在光谱中波长自 0.76 微米至 400 微米的一段称为红外线，红外线是不可见光线。所有高于绝对零度（-273.15℃）的物质都可以产生红外线。现代物理学称之为热射线。医用红外线可分为两类：近红外线与远红外线。

收集器，喇叭口所对的方向如果有热的物体，红外线就经过这里照射到薄膜的外侧一面。显然，这要比薄膜内侧一面的温度高，布满在薄膜上的神经末梢就感觉到了温差，并产生生物电流，传给蛇的大脑。蛇知道了前方什么位置有热的物体，大脑就发出相应的"命令"，去捕获这个物体。要验证这一点很容易，你把一块烧到一定热度的铁块放到蛇的附近，蛇会马上去袭击这个铁块的。

实验告诉我们，蛇的"热眼"对波长为 0.01 毫米的红外线的反应最灵敏、最强烈，而田鼠等小动物身体发出的红外线的波长正好在 0.01 毫米左右，所以蛇很容易发现和逮住它们，哪怕在伸手不见五指的黑夜。

响尾蛇还有一个奇异的特性，它会剧烈摇动自己的尾巴，发出嘎啦嘎啦的声音。响尾蛇利用这种声音引诱小动物跑来，以便捕捉它们，或者用来威吓敌人。

响尾蛇的尾巴为什么会发出响声呢？

原来，响尾蛇尾巴的尖端地方，长着一种角质链状环，围成了一个空腔，角质膜又把空腔隔成两个环状空泡，仿佛是两个空气振荡器。当响尾蛇不断摇动尾巴的时候，空泡内形成了一股气流，一进一出地来回振荡，空泡就发出了嘎啦嘎啦的声音。

基本小知识

角 质 膜

由脂肪性物质（角质）所组成的覆盖膜层称之为角质膜，它主要分为角质层和角化层两个层次。角质层位于外方，含角质和蜡质；角化层位于内方，含角质、纤维素。角质主要由 16~18 个碳的 1，2，3 - 羟基脂肪酸，通过酯链和醚链联结的脂肪性物质所组成。蜡质则由高碳脂肪酸和高碳一元脂肪醇构成的酯所组成。

象坟的秘密

　　大象是陆地上最大的动物，也是人们熟悉的一种庞然大物，它和人一样，也会有生老病死。

　　在大象的产区，流传着这样一个说法：大象到了老年，能自知死亡的来临。快要死的象无论离开自己象族的"坟地"有多远，也要赶回去，好死在"象坟"里。千百年来，那里的象牙和象骨堆积如山，这就是所谓的"象牙矿"。

　　自古以来，不知有多少探险家、旅行家、狩猎者和一些幻想发财的人，日夜梦想找到"象牙矿"。可是，几百年过去了，却没有一个人找到它。"象牙矿"在哪儿呢？它究竟只是一种传说，还是真的存在？

　　从现代科学技术的观点来看，"象牙矿"只不过是一个美丽而诱人的传说而已。奇怪的是，人们为什么很少发现大象的尸体和象牙呢？

　　科学家考察认为，这还是要先从大象的"葬礼"谈起。1970年，一位动物学家在非洲密林深处看到了大象的葬礼的全过程。在离密林几十米处的一块小草原上，几十头大象像在开会一样围着一头快要死去的雌象。当这头雌象倒在地上死去时，周围的大象发出一阵哀号，为首的雌象用长长的象牙掘土，用鼻子卷起土朝死象身上投去，其他的象便一起这样做。一会儿，死象身上堆满了土、石块和枯草。接着，为首的雄象带领众象去踏这个土堆。不一会儿，这个土堆就成了一座坚固的"象墓"。众象围着"象墓"转了几圈，像是在和"遗体告别"，然后就离去了。

　　有趣的是，大象会掩埋同伴的尸体，也会掩埋人的尸体。在塞仑格提国家公园工作的沃尔夫，曾经亲自做过一次实验。清晨，他趴在一个垃圾坑附近，装着已经死去的样子。非洲象群在栅栏外，距离有2米远。没过多久，首领象发现了他，便走了过来，用土、树枝和沙石向他扔去。紧跟着，众象也像首领象一样，朝他扔土和其他东西。

　　肯尼亚北部，有一位半盲的老太婆，一天，她在途中迷路了，只好钻到一棵树枝低垂的树下过夜。半夜，她觉得有一个象鼻子在触摸她，可能这头

象以为她已经死了，便把附近的树枝卷来盖在她身上。早晨，人们发现她被压在一米半高的树枝堆下。大象的这种习性，使得大象尸体不易暴露在荒野。

人们为什么找不到死去的大象的尸体，科学家经过观察发现，大象死了以后，很快就被其他动物分食了。因为象群一般要流动数十里甚至近百里寻找足够的食物，年老和患病的象追随象群感到吃力，就脱离了象群，去找隐蔽的地方藏身，悄然死去。如果遇到热带的大雨或河水泛滥，尸骨和象牙也可能被洪水冲散，或隐于泥沙。此外，热带成群的腐食者如鬣狗、豺、兀鹰等，用不了两天，就会把象的尸

广角镜

豪 猪

豪猪，又称箭猪，是一类披有尖刺的啮齿目，尖刺可以用来防御掠食者。豪猪有褐色、灰色及白色。不同豪猪物种的刺有不同的形状，不过所有都是改变了的毛发，表面上有一层角质素，嵌入在皮肤的肌肉组织。

体分食净，甚至连象牙也难免被豪猪所啃噬。即使有留下的象牙，也会因炎热、潮湿而被腐蚀掉。

肯尼亚查活国家公园工作人员戴维·谢尔德里科经过多年观察后，发现大象常常会把死象的象牙弄下来，带到远处，往岩石或树干上摔打，直到摔碎。以前人们还以为是鬣狗干的。其实不然。

为什么猴子会用它们的尿洗手脚

这听起来可能很奇怪，但现在研究者知道为什么猴子要用尿洗自己的手脚了。自从猴子的这一举动被观察后，便产生了很多种解释这一现象的说法。有人认为这样做可以帮助猴子改进它们攀爬时候手脚的握紧力，有人则认为这只是猴子用来清洗的一种方式。一种得到广泛认同的说法是，当猴子的体温升高时，它们用尿来使自己的体温降下来。但是，新的研究认为，猴子的这一奇怪的举动只是它们社交的一种方式。

　　美国马里兰州的国立卫生研究院动物中心灵长类动物学家金蓝·米勒和她的同事们，在一个封闭的环境中观察了猴子 10 个月的时间，发现猴子用尿洗手脚的行为跟它寻求异性的注意有关。

　　当雄性的猴子被雌性猴子所关注时，雄性猴子用尿洗手脚的行为的频率会增加。研究者认为，这可能是一开始的时候雄性鼓励雌性继续对其关注的方式。

　　在 87% 的打架或挑衅事件中，失败者也常用尿洗手脚。研究小组猜想，这同样是一种寻求关注的行为，这是为了寻求同情，但这还需要进一步地研究证实。

猫咪不识甜滋味

　　糖、香料和其他美味对猫而言没有任何意义。我们的猫科朋友只对一种东西有兴趣——那就是肉（除此之外，还会为了觅食而小睡一下养精蓄锐，或者嬉戏一番，为捕食舒展筋骨）。这不仅是因为每只猫的身体里都潜伏着掠食者的灵魂，随时准备着捕捉小鸟，或者折磨老鼠，还因为猫是至今已知的唯一尝不出甜味的哺乳动物。

基本小知识

基　因

　　基因（遗传因子）是遗传的物质基础，是 DNA（脱氧核糖核酸）分子上具有遗传信息的特定核苷酸序列的总称，是具有遗传效应的 DNA 分子片段。基因通过复制把遗传信息传递给下一代，使后代出现与亲代相似的性状。

　　大部分哺乳动物的舌头上都有味觉受体，当食物送入口中，细胞表面的蛋白质能激活细胞，让它发出信号，通知大脑。人类能察觉出 6 种味质：酸、苦、咸、麻、鲜和甜。感受甜味的受体实际上是由两种蛋白质组成的，蛋白质的基因不同，分别是 Tas1r 2 和 Tas1r 3。

　　在一定条件下，两种基因可以形成相互连接的蛋白质，带甜味的东西进

入口中，消息就会很快传到大脑。因为甜味是富含碳水化合物的标志，对食草动物和人类这样的杂食动物而言，碳水化合物都是一个重要的能量来源。

也许是因为饮食习惯影响了味觉，也许恰恰相反，因为缺少这种受体，而形成了食肉的习惯，所有的猫、狮子、老虎都缺少一种氨基酸，无法制造 Tas1r 2 基因的 DNA，因此无法编码形成某些蛋白质。这个基因看上去没什么用处（假基因），也无法让猫尝到甜味。美国费城莫耐尔化学感官中心的生物化学家 Joe Brand 开玩笑地说："它们很幸运，无法像我们这样尝出甜味来，不然就会多几颗蛀牙。"

20 世纪 70 年代，就有科学家通过实验指出，猫分辨不了糖水和普通的水，对糖水毫无兴趣。而 Brand 和他的同事李霞一起找到了真正的证据——前面提到的假基因。当然，也有不少其他的传闻，比如说，吃冰淇淋的猫、享受棉花糖的猫、热衷软糖的猫……"也许在糖分浓度高的时候，有些猫能利用它们的 Tas1r 3 受体品尝出甜味，"Brand 说，"但这种情况很少见，我们还不太清楚。"

不过，科学家们很肯定，猫能尝出很多我们无法体会的味道，比如说，能为所有活细胞提供能量的化合物——三磷酸腺苷（ATP）。"肉里面并不会留有大量的 ATP，但这是肉类的信号。"李霞说，其他动物也有各种不同的受体，比如说鸡也缺少察觉甜味的基因，只要附近水中的氨基酸浓度达到纳摩尔级别，鲶鱼就能发觉。Brand 写道："它们的受体能灵敏地从背景浓度中分辨出氨基酸集中的区域，最早发现腐肉的鲶鱼才更有可能在竞争中幸存下去。鲶鱼是腐食动物，寻找腐肉分解后释放的氨基酸对它们非常重要。"

奇妙的陆地动物

基本小知识

酶

酶早期称"酵素"，现指由生物体内活细胞产生的一种生物催化剂。大多数由蛋白质组成（少数为 RNA），能在机体中十分温和的条件下，高效率地催化各种生物化学反应，促进生物体的新陈代谢。生命活动中的消化、吸收、呼吸、运动和生殖都是酶促反应过程。酶是细胞赖以生存的基础。

迄今为止，猫仍是唯一一种缺乏甜味基因的哺乳动物；就连它们同为食肉动物的近亲——鬣狗和猫鼬都能尝出甜味。除此之外，猫可能也缺乏其他享受（并消化）糖所需的必要条件，比如说它们的肝里没有葡萄糖酶——控制碳水化合物新陈代谢的关键酶类。

尽管如此，大多数主要的宠物食品还是添加了富含碳水化合物的玉米和其他谷物。Brand 认为："这可能就是猫患上糖尿病的原因。现在的猫食里包含 20% 的碳水化合物，可小猫根本不适应。它们控制不了糖分。"不过，爱猫人士也不用担心家里的小猫觊觎人们的餐后甜点了。

狗能读懂人的表情并判断喜怒哀乐

英国科学家研究中发现狗具备一种其他动物所不具备的能力，它们能够读懂人的面部表情，并且能准确地从中判断出人究竟是快乐还是悲伤。

当人类遇到一个新面孔时，他们的目光总是会不自觉地向左转移，首先落在对方面部的右半侧。这就是"左斜视"现象。"左斜视"现象一般只发生在我们人类面对面相遇时，而在其他情况下，比如人类在观察动物或无生命物体时，就不会发生这种现象。对于"左斜视"现象，最可能的解释就是人类面部的右半侧比左半侧更善于表达情感。

广角镜

斜　视

斜视是指两眼不能同时注视目标，属眼外肌疾病。可分为共同性斜视和麻痹性斜视两大类。前者以眼位偏向颞侧，眼球无运动障碍，无复视为主要临床特征；麻痹性斜视则有眼球运动受限、复视，并伴眩晕、恶心、步态不稳等全身症状。

宠物狗也与人类一样具有这种"左斜视"倾向。到目前为止，科学家们还没有发现其他的动物会有这种倾向。但是，宠物狗的"左斜视"现象也只发生于它们看到人类面孔时，看到其他事物时同样不会发生。在实验中，林肯大学的郭昆博士向 17 只宠物狗分别展示了人类、狗、猴子等动物的面部图片以及一些无生命事物的照片。当宠物狗面

前出现人类面部的图片时，它们的眼神和头部动作具有明显的"左斜视"特征。但是，当它们面对猴子以及无生命事物，甚至它们同类的照片时，却没有任何"左斜视"倾向。

经过与人类数千年的友好相处，狗已经在进化过程中形成了"左斜视"功能，并以此作为判断人类表情的一种途径。研究表明，我们人类面部的右侧比左侧能够更精确、更强烈地表达个人情感，包括愤怒等情绪。如果确实如此的话，这也就是为什么狗和人类同样具有"左斜视"倾向的原因。但令人惊讶的是，在实验中当研究人员把人类面部图片倒过来摆在宠物狗面前时，它们仍然会不自觉地向左斜视。相反，人类在面对倒置的面孔时则不再会有"左斜视"倾向。出现这种奇怪现象的原因可能在于狗的大脑区域分工不同。狗大脑右侧主要负责处理来自左侧视野范围内的信息，因此比起左侧大脑更适合解释人类的面部表情。

老鼠能依靠节奏分辨人类语言

西班牙科学家研究发现，鼠类可以根据人类语言的特定节奏区分荷兰语和日语。这是迄今为止首次发现除人和猴子以外的动物具有这种本领。

研究者在美国《实验心理学杂志·动物行为过程》杂志上发表文章说，这一研究结果表明：动物尤其是哺乳动物，早在人类语言形成之前，就已经具有某种使用和开发语言的潜在能力。

基本小知识

哺乳动物

哺乳类动物是指脊椎动物亚门下哺乳纲的一类用肺呼吸空气的温血脊椎动物，因能通过乳腺分泌乳汁来给幼体哺乳而得名。哺乳类是一种恒温、脊椎动物，身体有毛发，大部分都是胎生，并借由乳腺哺育后代。哺乳动物是动物发展史上最高级的阶段，也是与人类关系最密切的一个类群。

西班牙巴塞罗那神经学家胡安·托罗，曾经利用64只成年实验鼠进行辨别人类语言的实验。他采用以食物奖励的方法，训练实验鼠在分别听到日语

奇妙的陆地动物

69

或荷兰语时做出反应。实验结果显示，那些被训练对日语做出反应才受到食物奖励的实验鼠不会对荷兰语做出反应；而那些被训练识别荷兰语的实验鼠则不会对日语做出反应。而这两类实验鼠都不能辨别日语或荷兰语的倒放录音。

研究者还发现，当固定的扬声器或同一个人发声时，实验鼠可以分辨出这两种语言中的自然句；如果换一个扬声器或不同的人发声，实验鼠则不能区分两种语言的不同。以前的科学研究表明，新生儿在语言识别方面也有类似情况；而绢毛猴的"本领"就强得多，因为不管是同一个人还是不同的人说话，它们都能够辨别。

专家认为，这项研究有助于进一步探索人类应用语言的能力哪些是自己独有，哪些是与其他动物共有，以及在生物进化过程中，人类语言在正式形成之前究竟是什么样子。

吸血蝙蝠具有很好的奔跑能力

蝙蝠是唯一会飞的哺乳动物，但也许是太精于飞行，长期以来，它们中的大部分几乎失去了在陆地上行动的本领，人们也忽视了它们的这种本领。不过科学家们通过对吸血蝙蝠的研究发现，这种蝙蝠具有"令人吃惊"的奔跑能力。

吸血蝙蝠一直都是科学家们最感兴趣的蝙蝠种类之一。与其他只能在天空中游刃有余的蝙蝠不同，吸血蝙蝠在陆地上也具有相当强的灵活性，能前行、侧身走、后退，想飞的时候一飞冲天，被称为"会跳霹雳舞的蝙蝠"。它在地面上可以"蹑手蹑脚地"向自己选定的目标靠近，比如一头牛、一匹马，然后跃上对方脊背，开始吸取血液。而其他种类的蝙蝠落到地上时，只能极为笨拙地行进。

吸血蝙蝠引起了美国康奈尔大学科学家丹尼尔·里斯金和约翰·赫曼森的极大兴趣，两人专门设计了一个实验来测试吸血蝙蝠的陆地移动能力。他们在一个由机玻璃制成的笼子中，放置了一个类似跑步机的特制装置，然后将5只成年的雄性吸血蝙蝠放上去。

通过高速摄像机观测它们的运动发现，当"跑步机"以每秒0.56米的低速运动时，吸血蝙蝠只是以正常的走路步调行走。当"跑步机"开始加速时，这些蝙蝠也利用前肢调整为大步慢跑。令人惊讶的是，它们最高能以每秒1.14米的速度飞快地"奔跑"。以蝙蝠的标准来看，这样的速度实属罕见。

虽然吸血蝙蝠具有奔跑能力，但是人们却很少看到它展示这一本领。科学家推测，这可能是由于中美洲和南美洲的大型牲畜群出现后，猎物资源大为丰富，蝙蝠不需要费力奔跑，就能轻易找到食物。

河马的"母系社会"

河马从名字上讲虽然应该是"河中的马"，但它的外形看起来却略似一只特别大的猪，而且在进化过程中也与猪类的亲缘关系更为接近，所以管它叫"河猪"似乎更为合适。它是陆地上仅次于象的第二大哺乳动物，体躯庞大而笨拙，有一个粗硕的头和一张特别大的嘴，比陆地上任何一种动物的嘴都大，并且足可以张开呈90度角。

一个群栖的河马家族是以一条不成文的规矩来维持秩序的，雌河马和它的孩子占据河流的中心位置，也即是最安全的地方，然后是年龄稍长的雄河马在这个中心的外缘保护，最外围的是最年轻的雄河马栖息地，义务担任警戒。河马还处在这样一个"母系社会"阶段，雌性理所当然地占据着统治地位。这样做的最大好处是有利于年轻的雄

拓展阅读

母系社会

母系社会又称母系氏族制，在母系氏族制前期，人类体质上的原始性基本消失，被称作"新人"，属于考古学上的旧石器时代的晚期。到母系氏族制后期，现代人形成，属于新石器时代的早期。中国境内的新人化石和文化遗存遍及各地，其主要代表有河套人、柳江人和山顶洞人等。母系社会对人类社会有着重要的影响，而随着社会的发展，母系社会的特征也渐渐消失。

河马自行去组建自己的家庭，从而有效地保证了河马家族的繁衍。

母河马与小河马厮守在一起，这样，客观上保证了幼仔免受主要来自于发情后疯狂的雄河马的伤害。当雄河马心怀鬼胎地逼近时，母河马们就会联合起来，一致用力赶走雄河马。这已成族规，谁要是违反，将受到整个家族的谴责，只好从此开始独居的浪荡生涯。

雌性河马常常被迫使用武力胁迫家族内不听话的成员，打着呵欠，以此显示它那突出的犬齿与巨大的门齿，如果威胁失败，也只好以武力相迫了。

在这个特殊的"母系社会"里，规矩在繁殖季节通常被打破。发情后的雌河马可以任意游出中心地带，进入雄河马地盘，那些得到如此恩宠的"男仆"感激万分，生怕哪一点没有服侍好它们的"女王"，然而，"女王"只会与它看上的雄河马交配。

雄河马发情时变得不可理喻，它们也想象女王巡幸一样，随意进入中心地带，然而，它们必须懂规矩，站立或蹲伏于水中，不准乱碰乱撞。它们是臣民，必须服从和服务于"女王"的性欲，如果哪位"女王"确实有需要，它会主动走上前来，挑逗雄河马多少因担惊受怕而冷落的情欲。老老实实蹲伏水中的雄河马都只能碰运气，交配的机会不是每只雄河马都有，所以，它们都互相盯着，生怕哪一位多抛了一个媚眼，从而较轻易地获取了机会。

严肃的族规被充分打破是在枯水季节来临，这时河马的家族中会上演一出类似愚人节时的集体婚配的好戏。这时不会再有"女王"，也没有臣民，大家都是发情的河马，可以自由恋爱，然后举行集体婚礼，不过这种婚礼仍旧表现出雌河马的主动与威仪，最先发出欢快的求爱声的一定是雌河马，听到这种歌声，雄河马立即报以应允的歌声，这就算定下了婚约，然后，河马便开始双双对对地嬉戏、游乐、交配，抓紧时间一次爱个够。

北极狐狸的趣闻

狐狸可以说是北极草原上真正的主人，它们不仅世世代代居住在这里，而且除了人类之外，几乎没有什么天敌。因此，在外界的毛皮商人到达北极之前，狐狸们的生活是自由自在、无忧无虑的。它们虽然无力向驯鹿那样的

大型食草动物进攻，但捕捉小鸟，捡食鸟蛋，追捕兔子，或者在海边上捞取软体动物充饥都能干得得心应手。到了秋天，它们也能换换口味，到草丛中寻找一点浆果吃，以补充身体所必需的维生素。

维 生 素

生物的生长和代谢所必需的微量有机物，分为脂溶性维生素和水溶性维生素两类。前者包括维生素 A、维生素 D、维生素 E、维生素 K 等，后者有 B 族维生素和维生素 C。人和动物缺乏维生素时不能正常生长，并发生特异性病变，即所谓维生素缺乏症。

旅鼠是狐狸的主要的食物供应。当北极狐遇到旅鼠时，便会极其准确地跳起来，然后向旅鼠猛扑过去，将它按在地上吞食掉。有意思的是，当北极狐闻到在窝里的旅鼠气味和听到旅鼠的尖叫声时，它会迅速地挖掘位于雪下面的旅鼠窝，等到扒得差不多时，北极狐会突然高高跳起，借着跃起的力量，用腿将雪做的鼠窝压塌，将一窝旅鼠一网打尽，然后逐个吃掉。

北极狐狸的数量是随旅鼠数量的波动而波动的，通常情况下，旅鼠大量死亡的低峰年，正是北极狐数量的高峰年，为了生计，北极狐开始远走他乡。这时候，狐群会莫名其妙地流行一种疾病"疯舞病"。这种病是由病毒侵入神经系统所致，得病的北极狐会变得异常激动和兴奋，往往控制不住自己，到处乱闯乱撞，甚至胆敢进攻过路的狗和狼。得病者大多在第一年冬季就死掉了，尸体多达每平方千米 2 只，当地猎民往往从狐尸上取其毛皮。

北极狐身披既长又软且厚厚的绒毛，即使气温降到零下45℃，它们仍然可以生活得很舒

你知道吗

北 极

北极是指地球自转轴的北端，也就是北纬90°的那一点。北极地区是指北极附近北纬66°34′北极圈以内的地区。北冰洋是一片浩瀚的冰封海洋，周围是众多的岛屿以及北美洲和亚洲北部的沿海地区。

服，因此，它们能在北极严酷的环境中世代生存下去。尽管人们对狐狸自身并无好感，但深知狐狸皮毛的价值和妙用，达官显贵、腰缠万贯的人们以身着狐皮大衣而荣耀万分，风光无限。狐皮品质也有好坏之分，越往北，狐皮的毛质越好，毛更加柔软，价值更高，因此，北极狐自然成了人们竞相猎捕的目标。

塞氏鼠的来历

鼠类动物都有一个共同的特征，它们的门牙很发达，终生持续不断地生长，必须借助啃咬物体才能使牙被磨短而不至于长出嘴外。动物分类学家把鼠类的这种牙齿称为啮齿，把鼠类归属于哺乳动物的啮齿目。

塞氏鼠是啮齿目中一种发现得比较晚的种类。塞氏鼠的发现，有一段有趣的故事。1937 年，一个叫塞莱文的动物学家在沙漠中，从一些猛禽没有消化的残物里发现了动物的碎骨和头骨。在鸟类中枭、鸮、鸢都是十分凶猛的飞禽，常以捕猎地面上的小动物为生。这些猛禽没有牙齿，它们只能吞咽食物，而不会把它们嚼碎。这样不能消化的猎物的骨头、皮毛等就被团成椭圆形或长形的团块，重新从它们口中吐出来，分析这些猛禽未消化的残留物，就可知道当地栖居着哪些动物。塞莱文仔细分析了所获得的猛禽未消化残物中的动物骨头后，意外地发现了一种新的啮齿类动物的碎骨和头骨，为了确认他的发现，他把这些骨头送到动物研究所，从专家们那里他的发现得到证实：塞莱文所发现的是一种人们还不认识的啮齿类动物骨头。于是塞莱文开始四处寻找这种活的动物。他终于在

广角镜

啮齿目

啮齿目是哺乳纲的一目。上下颌只有 1 对门齿，喜啃咬较坚硬的物体；门齿仅唇面覆以光滑而坚硬的珐琅质，磨损后始终呈锐利的凿状；门齿无根，能终生生长。均无犬齿，门齿与颊齿间有很大的齿隙。该目种数约占哺乳动物的 40% ~ 50%，个体数目远远超过其他全部类群数目的总和。

1938 年捕获了 6 只这种小野兽。

但不幸的是，这位年轻的动物学家还没来得及做完这种动物的研究工作就去世了。在他死后才由另外两名动物学家完成了对这种小动物的全部研究工作。为了纪念塞莱文，他们把这个新发现的啮齿类动物命名为塞氏鼠。

今天在动物分类中，塞氏鼠被独立地划为啮齿目的塞氏鼠科。

针鼹的防御本领

奇妙的陆地动物

针鼹分布在巴布亚新几内亚和澳大利亚等地，体长为 40～60 厘米。它的身体的背面布满长短不一、中空的针刺，外形粗看好似一只刺猬，体表还长有褐色或黑色的毛，腹面的毛短而柔软，颜色较淡，尾巴极短，眼睛和耳朵都很小，但具有发达的外耳壳。头部灰白色，前部有一个坚硬无毛的喙，呈圆筒状，并且向下弯曲，鼻孔和嘴都位于喙的前端，嘴只是一个小孔，没有牙齿，没有尾巴，爪坚硬而锐利。但事实上，针鼹与刺猬是迥然不同的动物，在亲缘关系上相距甚远。刺猬是食虫类哺乳动物，针鼹却是鸭嘴兽的近亲，与鸭嘴兽同属于哺乳动物中的单孔类，消化道、排泄道与生殖道均开口于身体后部的泄殖腔内，所以也是一种原始、低等的奇异哺乳动物。

基本小知识

泄殖腔

泄殖腔也叫"共泄腔"，动物的消化管、输尿管和生殖管最末端会合处的空腔，有排粪、尿和生殖等功能。蛔虫、轮虫、部分软骨鱼及两栖类、单孔类哺乳动物、鸟类和爬行类都具有这种器官，而圆口类、全头类（银鲛）、硬骨鱼和有胎盘哺乳类则是肠管单独以肛门开口于外，排泄与生殖管道汇入泄殖窦，以泄殖孔开口体外。

针鼹是夜行动物，栖息于灌丛、草原、疏林和多石的半荒漠地区等地带，白天隐藏在洞穴中，晚上出来捕食。它虽然和刺猬一样浑身长满长短不一、中空的针刺，不过它的抗敌本领要比刺猬高明得多。

针鼹身上的针刺十分锐利，且长有倒钩。一旦遇到敌害，针鼹就会背对敌人，它的针刺能脱离针鼹的身体，刺入来犯者的体内，一段时间以后，脱落处又会长出新的针刺。

在御敌时，针鼹还有两个绝招。一个是受到惊吓时，它会像刺猬那样，迅速地把身体蜷缩成球形，使敌人看到的只是一只没头没脑的"刺毛团"，很难下手。再一个是它的四肢短而有力，有5趾或3趾，趾尖是锐利的钩爪，能快速挖土，然后将身体埋入地下，或者钩住树根，或者落入岩石缝中，使对方无法吃到它。

小鼩鼱的奇妙生活

小鼩鼱分布于欧洲西部、俄罗斯到我国西北、东北等地。它的外形有点像家鼠，但鼻子略长些、嘴尖一点。小小的眼睛，能顾盼到两侧和后面。小而圆的耳朵，尖细而能伸缩的吻部，赤色的牙齿，齿式也不同于鼠类。体毛主要为褐色，腹面白色。

小鼩鼱栖息于森林、灌丛等地带，主要在地下穴居生活。它不像老鼠那样贼头贼脑、偷吃食物、咬坏东西、传染疾病，它专门以昆虫等为食，而且多数是吃金龟子的幼虫蛴螬等害虫，虽然偶尔也吃些植物的种子，但是相比之下，鼩鼱益多害少，是有益的动物。

小鼩鼱的体长仅4~6厘米，尾长4~5厘米，体重3~5克，可以说是世界上最小的哺乳动物了。不过千万不要小看小鼩鼱，它的胃口可大哩。它一天到晚总是不停地吃，

拓展阅读

唾液腺

人或脊椎动物口腔内分泌唾液的腺体。人或哺乳动物有三对较大的唾液腺，即腮腺、颌下腺和舌下腺，另外还有许多小的唾液腺，也叫唾腺。口腔内有大、小两种唾液腺。

每天至少得吞进同自己体重一样重的食物。如果食物丰富，它甚至一天能吃下相当于自己体重3倍的食物，真是一个名副其实的"大肚汉"。

小鼩鼱的腭下长有唾液腺，能分泌出一种毒液。如果人去捕捉它，不小心被咬上一口，手臂就会发热肿大，引起剧痛，要过几天后才能消失。小鼩鼱也是用这种武器来捕猎食物的，小动物若被咬伤，顿时便会失去知觉，不能动弹。

科学家曾经做过实验，将鼩鼱唾液腺分泌出的液体，注射进老鼠体内，很快就会引起老鼠的生理变化，血压降低，心脏跳动变慢，呼吸也发生困难。不到1分钟，毒液发作，老鼠便进入瘫痪状态。

小鼩鼱成熟得快，生命也短促，寿命仅有14~15个月。雄兽在"求爱"时，总是在洞口兴奋地鸣叫，雌兽如果不愿意，就发出嘶叫，示意它快快走开；如果雄兽还是喋喋不休，缠绕不去，那雌兽就改用尖叫来下"逐客令"。

小鼩鼱雌兽的怀孕期为24~25天，每年产1~2胎，每胎产4~8仔。幼仔们长大后，雌兽常带着它们排成一列纵队，相互衔着尾巴，穿过原野，去寻觅食物。其中，蚯蚓是它们最早阶段、最容易获得的佳肴。

如果小鼩鼱遇到敌害，一时逃遁不了，它们会立即将背隆起，磨牙擦嘴地发出尖锐的吱吱声；有时，索性躺倒在地，伸出四脚，边踢边舞，并发出断续的叫声，以便吓退敌害或者请求救援。

小鼩鼱等食虫类似乎都是一些"不起眼"的小动物，但在哺乳动物的进化史上却起了非常重

奇妙的陆地动物

广角镜

翼手目

翼手目是哺乳动物中仅次于啮齿目动物的第二大类群，现生种共有19科185属962种，除极地和大洋中的一些岛屿外，分布遍于全世界。翼手目的动物在四肢和尾之间覆盖着薄而坚韧的皮质膜可以像鸟一样鼓翼飞行，这一点是其他任何哺乳动物所不具备的。为了适应飞行生活，翼手目动物进化出了一些其他类群所不具备的特征，这些特征包括特化伸长的指骨和连接期间的皮质翼膜，前肢拇指和后肢各趾均具爪可以抓握。

要的作用。它们在中生代上白垩纪地层中就已出现，是有胎盘类哺乳动物中最原始和最古老的一支，在兽类的进化史中起过举足轻重的作用，是大多数比较高级的哺乳动物类群的祖先，特别是包括人类在内的灵长目动物、世界上种类和数量最多的啮齿目动物和能在空中飞行的蝙蝠等翼手目动物等，都是先后从早期的食虫类直接分化出来的。

岩大袋鼠为什么不喝水

岩大袋鼠分布于澳大利亚东部、西部和北部多岩石的干旱的丘陵山区。多在早晨和黄昏活动，善于跳跃，以树叶、草类等为食，还经常吃一些较硬的多刺植物。它的体毛呈赤褐色。体长 90 ~ 120 厘米，尾长 70 ~ 90 厘米，体重 60 ~ 70 千克。头小，颜面部较长，眼大，耳长。前肢短小，后肢较粗，尾粗长而有力。

在炎热的季节，气温升到 31.5℃ 以上时，如同狗和绵羊一样，岩大袋鼠开始不断地张嘴喘气，竭力降低自己的体温。另外，它们还用舌头舔自己的"手"和胸部，有时还舔后腿，这是因为唾液蒸发时吸热，可降低体温。

有的袋鼠会掘井，深可达 1 米。这样，不仅它们可以靠井水活命，而且其他一些不会挖井的动物，如野鸽、玫瑰鹦鹉、袋貂以及鸸鹋等，也常常来井边解渴。

然而岩大袋鼠并不想利用这种方便。它们不掘井，也从不去那里喝水，甚至气温高达 46℃ 时，岩大袋鼠也不去饮水。岩大袋鼠可以几周、甚至几个月不喝水也能生活，这是为什么呢？

在太阳晒得最热的时候，岩大袋鼠便躲藏到凉爽的山洞里或花岗岩的岩棚下，以此来保存体内的水分。因为在这些地方，气温从不会高于 32℃。

可是，这些古怪的岩大袋鼠为什么不去喝那么好的清水呢，有时，掘好的水井就在距离它们很近的地方？原来，喝水会使它们的身体失去很多氮，大大地降低它们吞吃的食物的营养，因为作为蛋白质主要成分的氮，是半荒漠地区最缺乏的物质。

知识小链接

花 岗 岩

　　花岗岩是一种岩浆在地表以下凝却形成的火成岩，主要成分是长石和石英。因为花岗岩是深成岩，常能形成发育良好、肉眼可辨的矿物颗粒，因而得名。花岗岩不易风化，颜色美观，外观色泽可保持百年以上，由于其硬度高、耐磨损，除了用作高级建筑装饰工程、大厅地面外，还是露天雕刻的首选之材。

无处不在的帚尾袋貂

　　帚尾袋貂分布于澳洲大陆和塔斯马尼亚岛等地。从第一个欧洲白人进入澳大利亚，整个大陆逐渐被开发以后，帚尾袋貂是最快适应并能和人类和谐相处的一种有袋类动物。

　　帚尾袋貂吻部略尖，耳圆，体毛主要为黑灰色，前脚有分趾，带大钩爪，在跳跃和抓住树枝时可以灵活地分开五个指头，从不同角度稳住自己。虽然尾毛厚密如刷子，但长长的尾巴具有缠绕性，常用它钩住树枝，以腾出前肢来抓食物。几乎城市的每一个公园和私人花园中都会有它们的身影，更不用说在乡间的树林了。它们常常引来路人围观，并给它们喂食薯条、面包。尤其是在夏夜的黄昏后，成群的帚尾袋貂爬下树来，站在路边引颈张望，等候观望它们的游客前来，这成为很多市区的一景。

　　在城市里，为防止帚尾袋貂啃咬树林、打洞藏身，人们要用铁皮把树身包围起来，不让它们爬上去。悉尼城中的海德公园，四周新造的办公大楼林立，在一片钢筋水泥中的小小一块绿地上，有人统计居然其中有上百只袋貂。

　　帚尾袋貂平日穴居在空心树，在居民区则住在车库、工具棚、屋梁顶上。如树上没有空树洞，它们则会钻入野兔洞中。它们胸腺中发出气味，用来识别各自已经占领的区域。雄性为领地打架发出"喂克——啊"、"喂克——啊"的叫声，当人们上床睡觉时，常能听到花园中发出这种叫声。如果它们在屋顶的隔热墙中乱窜时，声音如雷震耳，会整晚让人不得安宁。所以也有

人称它为城中一鼠害。其实，和老鼠偷吃食物不同，帚尾袋貂主要是破坏和捣乱。

拓展阅读

胸　腺

胸腺为机体的重要淋巴器官，其功能与免疫紧密相关，分泌胸腺激素及激素类物质，具内分泌机能的器官。位于胸腔前纵膈。胚胎后期及初生时，人胸腺约重 $10\sim15$ 克，是一生中重量相对最大的时期。随年龄增长，胸腺继续发育，到青春期约 $30\sim40$ 克。此后，胸腺逐渐退化，淋巴细胞减少，脂肪组织增多，至老年仅 15 克。

帚尾袋貂以植物果实、叶、芽等为食。事实上，它们与人和善，二者并无利益之争。在澳大利亚，不论在国家公园还是自己家的小花园，只要有一片树林，不论是桉树还是榆树、橡树，黄昏过后，就会看到帚尾袋貂爬来跳去，马路边的垃圾箱也是它们光顾的场所。它们吃食时后腿站立，尾巴支地成为三角支架，然后前肢如人的手一样掰开汉堡包的纸袋一小口一小口地嚼着，样子慢条斯理，悠闲极了。阳台和后花园庭中这样的景观就更多，如果哪位居民每天放些面包之类的食物在自己家的树下，每天黄昏时，就可以一边观赏南半球清晰而又漫长的落日美景，一边观赏帚尾袋貂的聚餐活动。

山羊的瞳孔是矩形的

瞳孔是指虹膜中间的开孔，它是光线进入眼内的门户。眼睛中的虹膜一般呈圆盘状，中间有一个小圆孔，这就是我们所说的瞳孔，也称作"瞳仁"。它在亮光处缩小，在暗光处散大。在虹膜中有两种细小的肌肉，一种叫瞳孔括约肌，它围绕在瞳孔的周围，宽不足 1 毫米，它主管瞳孔的缩小，受动眼神经中的副交感神经支配；另一种叫瞳孔开大肌，它在虹膜中呈放射状排列，主管瞳孔的开大，受交感神经支配。这两条肌肉相互协调，彼此制约，一张

一缩，以适应各种不同的环境。人类和很多动物的瞳孔由不自觉的虹膜伸缩控制大小，以便调节入眼内的光线强度，这称为瞳孔反射。例如，人类瞳孔在强光下直径大约 1.5 毫米，在暗淡光线中扩大到 8 毫米左右。

基本小知识

虹　膜

虹膜属于眼球中层，位于血管膜的最前部，在睫状体前方，有自动调节瞳孔的大小，调节进入眼内光线多少的作用。位于血管膜的最前部，虹膜中央有瞳孔。在马、牛瞳孔的边缘上有虹膜粒。

动物的瞳孔形状由玻璃体的光学特性、视网膜的形状和敏感度，以及物种的生存环境和需要决定。我们一直把瞳孔想象成圆的，因为我们看到的大部分眼睛的瞳孔都是圆的，就像我们人类的一样。但山羊的瞳孔扩大时形状接近矩形，其实大多数蹄趾类动物的瞳孔都近似矩形。

矩形状的瞳孔使山羊的视野范围在 320～340 度（人类的视野范围在 160～210 度），这意味着它们不用转动头就几乎能看到周围的一切物体。因此有矩形眼睛的动物因为瞳孔更大，在夜晚能够看得更清楚，白天睡觉时由于眼睛闭得更紧，能够更好地避光。有趣的是，章鱼也有长方形的瞳孔。

刺猬的武器

刺猬是一种奇特的小动物，又名刺团、猬鼠、偷瓜獾、毛刺等。它的体长 22～26 厘米，头宽嘴尖，头顶部棘刺细而短，耳较短。尾巴也短，长度仅 2～4 厘米。背上有粗而硬的棘刺，棘刺的颜色有两种：一种是基部白色或土黄色，而尖端呈灰色；另一种是白色或基部白色而尖端呈棕色。其腹部、腿部长有灰白色绒毛。

刺猬在我国分布很广，在东北、华北至长江中下游地区都能见到它们的踪迹，此外在欧洲和亚洲东部一带也经常看到它们的身影。

刺猬体形肥矮，四肢短小，爪子弯而锐利，适宜挖土。眼睛和耳朵都很小，有一张独特的长脸和不断抽动的鼻子。它平时在地上爬行觅食，一旦遇到敌害，就立即将头、尾、脚都包裹在中间而成一团圆球，全身的棘刺一起朝外，成为密布尖刺的肉球，形成最有效的防卫武器，使敌人无从下口。

一只成年的刺猬，其身上大约有5000根棘刺，随着它不断成长，其背上的刺也不断增多，以保持一定的密度，所以一只体形特大的刺猬，身上的刺可达7000~8000根之多。

那锐利的刺是刺猬防御敌害的"公开武器"。鲜为人知的是，刺猬还有一种"秘密武器"。每当它遇到毒蟾蜍的时候，就立即咬住它的耳周腺，用嘴吸它的毒汁，然后将毒汁涂抹在自己的背刺上；或者咬住毒蟾蜍，将毒蟾蜍皮肤上的毒液涂擦在背刺上。有了这样的"秘密武器"，刺猬就可以更加有效地来保护自己了。

富于牺牲精神的动物——斑马

趣味点击　昏睡病

昏睡病是一种叫作锥虫的寄生虫感染造成的疾病，流行于中部非洲。14世纪，马里国王 Mari Jata 就染上了这种疾病，昏睡大约两年后死亡。这是较早的昏睡病例。几个世纪后，西方殖民者把贸易拓展到西部非洲时，发现了这种怪病。后来，探险者们发现当地一种名为采采蝇的虫子和这种疾病之间的联系，也把这种病叫作"苍蝇病"。

斑马与马同属哺乳纲奇蹄目马科。与马不同的是，斑马身上有黑褐色与白色相间的光滑条纹，在阳光照射下，显得格外美丽，因此得名"斑马"。

斑马身上这些条纹不仅漂亮，而且与周围环境相适应，能起到很好的保护作用。原来，在斑马生活的非洲半草原半疏林地带，舌蝇是传染昏睡病的媒介，它常常叮咬单体色的动物。据动物学家推测，斑马背上的条纹，能够预防舌蝇叮咬。原因是舌蝇从远处看斑马就像一个淡灰色的斑点，可临近一

看，突然跃入眼际的是清晰条纹。色彩对比强烈的黑白条纹把舌蝇弄得眼花缭乱，从而分散或削弱了它们的注意力。

斑马还是一种富于牺牲精神的动物。成群结队的斑马在觅食时，一旦遇上非洲狮，便立刻簇拥着幼马奔逃。当狮子即将追上时，会有一匹壮马骤然放慢脚步，昂首立鬃，向着飞驰而过的同伴凄厉地叫一声，然后横身倒下，牺牲自己，以保护整个马群。

扬子鳄有趣的习性

扬子鳄是水陆两栖的爬行动物，喜欢栖息在人烟稀少的河流、湖泊、水塘之中，它们大多在夜间活动、觅食，主要吃一些小动物，如鱼、虾、鼠类、河蚌和小鸟等。它忍受饥饿的能力很强，能连续几个月不进食。

基本小知识

槽 生 齿

槽生齿是以齿根着生于颌骨的齿槽中的牙齿，无法撕咬和咀嚼，见于哺乳动物和部分爬行动物。如：鳄鱼。

扬子鳄有独特的捕食方法。如在陆地上遇到敌害或猎捕食物时，能纵跳抓捕，纵捕不到时，它那巨大的尾巴还可以猛烈横扫。遗憾的是，扬子鳄虽长有看似尖锐锋利的牙齿，可却是槽生齿，这种牙齿不能撕咬和咀嚼食物，只能像钳子一样把食物"夹住"，然后囫囵吞咽下去。所以当扬子鳄捕到较大的陆生动物时，不能把它们咬死，而是把它们拖入水中淹死；相反，当扬子鳄捕到较大水生动物时，又把它们抛上陆地，使猎物因缺氧而死。在遇到大块食物不能吞咽的时候，扬子鳄往往用大嘴"夹"着食物在石头或树干上猛烈摔打，直到把它摔软或摔碎后再张口吞下，如还不行，它干脆把猎物丢在一旁，任其自然腐烂，等烂到可以吞食了，再吞下去。扬子鳄还有一个特殊的胃。这只胃不仅胃酸多而且酸度高，因此它的消化功能特别好。

扬子鳄具有高超的挖洞打穴的本领，头、尾和锐利的趾爪都是它的挖洞

打穴工具。俗话说"狡兔三窟"，而扬子鳄的洞穴还超过三窟。它的洞穴常有几个洞口，有的在岸边滩地芦苇、竹林丛生之处，有的在池沼底部，地面上有出入口、通气口，而且还有适应各种水位高度的侧洞口。洞穴内曲径通幽，纵横交错，恰似一座地下迷宫。也许正是这种地下迷宫帮助它们度过严寒的大冰期和寒冷的冬天，同时也帮助它们逃避了敌害而幸存下来。

人们常常用"鳄鱼的眼泪"来比喻那些假惺惺的人。因为人们看到扬子鳄在进食的时候常常是流着眼泪在吃一些小动物，好像是它不忍心把这些小动物吃掉似的。那么扬子鳄流眼泪是怎么回事呢？它的眼泪并不是出于怜悯，而是由于它体内多余的盐分主要是通过一个特殊的腺体来排泄的，而这个腺体恰好位于它的眼睛旁边，使人们误认为这个腺体分泌的带有盐分的液体就是它的眼泪，当它进食的时候，腺体恰好在分泌带盐分的液体，所以人们常常认为它是在假惺惺怜悯这些小动物了。

扬子鳄有冬眠的习性，因为它所在的栖息地冬季较寒冷，气温在0℃以下，这样的温度使得它只好躲到洞中冬眠。据观察，它冬眠的时间从10月下旬开始到第二年的4月中旬左右结束，算来扬子鳄冬眠的时间有半年之久。它用以冬眠的洞有些不一般，洞穴距地面2米深，洞内构造复杂，有洞口、洞道、卧室、卧台、水潭、气筒等。卧台是扬子鳄躺着的地方，在最寒冷的季节，卧台上的温度

你知道吗

狡兔三窟

成语，狡猾的兔子准备好几个藏身的窝，比喻隐蔽的地方或方法多，做好了充分的准备。语出《战国策》的名篇《齐人有冯谖者》中说："狡兔三窟，仅得免其死耳。今有一窟，未得高枕而卧也。"意思是狡兔三窟才免去死亡危险，你只有一处安身之所，不能高枕无忧啊！此即成语"狡兔三窟"和"高枕无忧"的来历。

也有10℃左右，扬子鳄在这样高级的洞内冬眠，肯定是非常舒适的。它在冬眠的初始和即将结束的这两段期间内，入眠的程度不深，受到刺激能够有反应。中间这段时间较长，且入眠的程度很深沉，就好像死了似的，看不到它的呼吸现象。

需要说明的是，在扬子鳄的群体中，雄性为少数，雌性为绝对多数，雌雄性的比例约为5∶1。到底是什么原因造成的呢？这是一种有趣的自然规律。动物学家们经过研究才发现：纯吻鳄的受精卵在受精的时候并没有固定的性别。在它的受精卵形成的两周以后，其性别是由当时的孵化温度来决定的。孵化温度在30℃以下孵出来的全是雌性幼鳄，孵化温度在34℃以上孵出来的全是雄性幼鳄，而在31～33℃孵出来的，雌性为多数，雄性为少数。如果孵化温度低于26℃或高于36℃，则孵化不出扬子鳄来，扬子鳄的受精卵在孵化时大多在适宜孵化雌性的气温条件下，这就造成了雌多于雄的现象。

狮子的"持久战"

在非洲辽阔的原野上，狮子经常是成群地生活在一起。除了大象，几乎没有什么动物是强大的狮子的对手。所以，人们常常以为，狮子成群活动毫无必要。

事实上，如果有数头狮子合力围捕猎物，就能更快更有效地得到食物。另外，草原上还生活着很多像秃鹫、鬣狗等这种想"不劳而获"的动物。如果狮子单独捕获了一头大型动物，它一次肯定吃不完，剩下的尸肉马上会被其他动物一抢而光，这对辛苦捕猎的狮子来说，是对食物的浪费。所以狮子更愿意结成一群，捕猎时更容易，猎获动物后又能一次吃光。

非洲狮

有人曾经目睹了一场狮子与野牛的搏斗：一只公野牛和一只狮子对峙着，要是在平时，总是野牛落荒而逃，狮子在后面紧紧追赶。但是这头野牛的前腿有些瘸，肯定跑不过狮子，它只能面对现实。

照理说，狮子捕食野牛好像是手到擒来的事，更何况是一头有伤的野牛，但实际情况却出乎人们的预料。

单独捕猎的狮子显然对公牛锐利的犄角有所有顾忌，只要野牛一接近狮子，狮子就趴下不动；而野牛刚转身想离去，狮子就紧紧跟在后面，做出准备进攻的样子。野牛只好再回过头来，甚至有几次倒是野牛向狮子冲过来，但狡猾的狮子立即躺下，做出"投降"的姿态。

狮子当然不必担心自己会受到伤害，它已经敏锐地发现野牛的腿上有伤，相信只要"打持久战"，就能拖垮对手。

野牛看来不知道如何用犄角来有效地攻击敌人，如果它用尖角对准狮子，以攻为守，然后凭借足够的体力、耐心和谨慎，完全有能力摆脱狮子的纠缠。但这头野牛显然没有做到这几点。腿脚行动不便的野牛，经过几十分钟来回折腾，终于精疲力竭，累得趴在地上喘气休息。狮子马上绕到野牛后面，不等野牛转身防卫，便发起了拿手的"闪电战"：它猛地扑上野牛的身体，准确地一口咬住野牛的喉咙，野牛挣扎着——用蹄子胡乱地蹬地……

野牛最终成了狮子的美餐，但回过头来想一想，如果是一群狮子，它们就根本不必用长时间的"持久战"来解决问题了。

爱"干净"的浣熊

美洲的熊类中有一种熊，叫浣熊。它全身灰褐色，有一条带有四五个黄色环纹的毛茸茸的长尾巴，特别是它长着一双好像隐藏在黑色蒙面罩中的小眼睛和两只小黑耳朵，长相猛一看很像我国的小熊猫。

浣熊的个子很小，体长 76～91 厘米，重 7～13 千克。它白天在树上休息，到天黑时才下树，巡视自己霸占的领土。有时，它们成群结队穿越森林，去猎取树上的鬣蜥蜴。浣熊很机智，它们分成两队，一队爬上树，把瞌睡中的鬣蜥蜴吓下树来；等鬣蜥蜴一落地，就被另一队浣熊逮住了。

有趣的是，它们每次逮到虾、蛤、鱼或青蛙等食物时，从不张嘴就吃，总是用前爪抓住，在水里洗来洗去，或者边洗边吃。吃的时候，还不停地洗手。要是找不到水，不能洗时，它们宁可饿着也不吃。由于它们有洗食

的习惯，人们就称它们浣熊。"浣"是洗的意思，浣熊的名字就是这样来的。

浣熊为什么要洗食物呢？是真的爱干净吗？有的人认为，这是出于浣熊本能的一种习性，如同狗有往土里埋食物的习性，伯劳有往树枝棘刺上串挂小动物的习性一样，这些习性是祖祖辈辈遗传下来的。在动物的习性中，食性变化是最快的。也有的人认为，这是浣熊十分喜欢清洁才这样做

可爱的浣熊

奇妙的陆地动物

的。人们仔细观察后发现，浣熊并不是像人们想象的那样见水就洗，它浣洗的水往往是泥水，而且要比它手中的食物还要脏。其实，浣熊并不是因为爱干净而浣洗的。人们对此作了新的解释：浣熊洗食是它喜欢玩味水中的食物，这样吃起来更有滋味。

巨蟒"保姆"

菲律宾的一位农民用一枚蛇卵，孵出了一条小蟒蛇，从此，这条蟒蛇与这家农民生活在一起。蟒蛇小的时候只会吃些蚯蚓和青蛙，长大后便吞食老鼠、小鸟和小兔子。后来这条蟒蛇长成了一条长达 7 米、重 70 千克的巨蟒，一次能吞下一头整猪。

这条巨蟒像温顺的家犬一样，帮主人干许多活，如看护院子、照看主人家的孩子。孩子要到外面玩耍，巨蟒在前面担负起保护的任务，孩子热了，便和孩子一起洗澡；孩子困了，巨蟒便蜷成一团把孩子围在中间，头挨头睡觉。主人整天忙于农活，顾不上看护孩子，这条巨蟒与主人的孩子整天形影不离，成了他们家的"保姆"。

　　曾有人向这位农民建议，把这条巨蟒放回森林，看它是否愿意返归大自然。得到主人的同意后，他们便用车载着巨蟒，把它送到森林中。巨蟒起初四处爬了一阵儿，到小溪边喝了点水，但 3 小时后又回到了主人的家里。

> ### 知识小链接
>
> ### 爬行动物
>
> 　　爬行类（或称爬虫类）是一类属于四足总纲的羊膜动物，分类上的层级为纲，较新的命名是蜥形纲。现存的爬行类包含 4 个目，鳄目包含鳄鱼、长吻鳄、短吻鳄以及凯门鳄等 23 个种。爬行动物是第一批真正摆脱对水的依赖而征服陆地的变温脊椎动物，可以适应各种不同的陆地生活环境。

　　巨蟒这种野生爬行动物，为什么能在人类的家庭里生存下来，并为主人干活呢？这是颇为费解的问题。不过有一点可以肯定，动物也有感情，只是表达的方式与人类不同，它不能用语言，只能用行动来表达它的好恶。只要人类与这类驯化的动物和睦相待，人和动物可以长期和平共处。

认识藏羚羊

　　藏羚羊是我国青藏高原的特有动物、国家一级保护动物，也是列入《濒危野生动植物种国际贸易公约》中严禁进行贸易活动的濒危动物。

　　藏羚羊一般体长 135 厘米，肩高 80 厘米，体重达 45～60 千克。形体健壮，头形宽长，吻部粗壮。雄性角长而直，乌黑发亮，雌性无角。鼻部宽阔略隆起，尾短，四肢强健匀称。全身除脸颊、四肢下部以及尾外，其余各处毛绒丰厚细密，通体淡褐色。

　　它生活于青藏高原 88 万平方千米的广袤地域内，栖息在 4000～5300 米的高原荒漠、冰原冻土地带及湖泊沼泽周围，藏北羌塘、青海可可西里以及新疆阿尔金山一带令人类望而生畏的"生命禁区"。藏羚羊特别喜欢在有水源的

草滩上活动，群居生活在高原荒漠、冰原冻土地带及湖泊沼泽周围。那里尽是些"不毛之地"，植被稀疏，只能生长针茅草、苔藓和地衣之类的低等植物，而这些却是藏羚羊赖以生存的美味佳肴；那里湖泊虽多，绝大部分是咸水湖。藏羚羊是偶蹄类动物中的佼佼者，不仅体形优美、性格刚强、动作敏捷，而且耐高寒、抗缺氧。在那十分险恶的地方，时时闪现着藏羚羊鲜活的生命色彩、腾越的矫健身姿，它们真是生命力极其顽强的生灵！它们性情怯懦机警，听觉和视觉发达，常出没在人迹罕至的地方，极难接近。有长距离迁移现象。平时雌雄分群活动，一般 2～6 只或 10 余只结成小群，或数百只以上大群。食物以禾本科和莎草科植物为主。发情期为冬末春初，雄性间有激烈的争雌现象，1 只雄羊可带领几只雌羊组成一个家庭，6～8 月份产仔，每胎 1 仔。

藏羚羊

奇妙的陆地动物

苔 藓

苔藓植物是一种小型的绿色植物，结构简单，仅包含茎和叶两部分，有时只有扁平的叶状体，没有真正的根和维管束。苔藓植物喜欢阴暗潮湿的环境，一般生长在裸露的石壁上，或潮湿的森林和沼泽地。

经过千万年自然演变，它们与冰雪为伴，以严寒为友，自由自在地生息

在世界屋脊之上。然而，由于一些所谓贵族对被称为"羊绒之王"的藏羚羊羊绒——"沙图什"的需求，藏羚羊的栖息地正在变成一个屠宰场，每年数以万只的藏羚羊被非法偷猎者捕杀！昔日茫茫高原上数万只藏羚羊一起奔跑的壮观景象，如今再也见不到了。

广角镜

偶蹄类

始新世早期，一种称为古偶蹄兽的小动物从踝节类中分化出来，它的距骨除了有类似于奇蹄类那样的近端滑车之外，远端也呈滑车状而不再是平面。正是这种双滑车的距骨奠定了一种进步的有蹄类——偶蹄类的基础。在此后的岁月里，偶蹄类分化出了分为古齿亚目、弯齿亚目、猪亚目、骈足亚目和反刍亚目五大类群的种类繁多的庞大家族。

身披"铠甲"的动物——穿山甲

穿山甲

在我国南方丘陵山麓的林区，生活着一种善于掘洞而居的动物。这种动物挖洞之迅速犹如具有"穿山之术"，它的外表又会使人联想到龙或麒麟等古代神话中的动物，除了脸部和腹部之外，全身披着500～600块呈覆瓦状排列的、像鱼鳞一般的硬角质厚甲片，不仅外观很像古代士兵的铠甲，而且硬度更是超过了铠

甲。据说用小口径步枪都难以击穿，牙齿锋利的野兽也奈何不得，因而被称为"穿山甲"。

穿山甲的体长为 40～55 厘米，但其中尾巴的长度就占 27～33 厘米，体重为 3 千克左右，鳞片一般呈黑褐色或灰褐色，老年时变为橙红色，所以有人误认为有铁甲和铜甲两种穿山甲。

穿山甲属于夜行性动物，白天蜷宿于地洞里，夜晚出外觅食，活动范围一般不超过 100 米。它性情温顺、懦弱，胆子很小，由于"铠甲"在它的生活中起的作用太大了，所以不管遇到什么情况，总是先将身体缩入其中，把整个身子缩成一团，用宽宽的尾巴包住头部，形成球状，一动也不动，而且还会从肛门中喷射出一股含有臭味的液体，使捕食它的动物无从下手，只得悻悻而去。不过，据说也有一些更为狡猾的豺、狼等食肉动物能够识破穿山甲的伎俩，它们并不拼命用嘴去咬它，而是向它的鳞甲撒尿，如果穿山甲忍受不了身体又臊又湿，便会展开鳞甲，这时便会被食肉动物咬住柔软的腹部，美餐一顿。

穿山甲的头为圆锥状，上面长着一对小眼睛，一对瓣状而下垂的小耳朵和一个像笔管一样尖尖的、张不大的嘴巴。与个体大小差不多的其他哺乳动物相比，它的脑量要小得多，但舌头的长度可达 30 多厘米，超过身体长度的 1/2，能伸出来的部分也有 10 余厘米，前扁后圆，柔软而能灵活地伸缩，非常适合舔食蚂蚁。在它的舌头上还分泌 pH 值为 9～10 的碱性黏液，可以中和食物中的蚁酸和适应栖息地的酸性土壤。雄兽有一个明显的肛后洼陷。它的四肢比较粗壮，前、后肢上各有 5 趾，趾端上的爪子

奇妙的陆地动物

你知道吗

蚁　酸

蚁酸，又称作甲酸。蚂蚁分泌物和蜜蜂的分泌液中含有蚁酸，当初人们蒸馏蚂蚁时制得蚁酸，故有此名。甲酸无色而有刺激气味，且有腐蚀性，人类皮肤接触后会起泡红肿。熔点 8.4℃，沸点 100.8℃。由于甲酸的结构特殊，它的一个氢原子和羧基直接相连，也可看作是一个羟基甲醛，因此甲酸同时具有酸和醛和性质。在化学工业中，甲酸被用于橡胶、医药、染料、皮革等种类工业。

粗大而锐利，尤其是前肢的中趾和第二、第四趾，非常适于挖洞，甚至连单层砖墙也能挖通。身后的尾巴呈扁平状，背部隆起，腹面平坦，可以用作支撑身体或者蜷曲起来保护身体的辅助器官。因此，它的整个身体呈优美的流线型结构，在挖掘前行时可以减少阻力。

穿山甲往往选择坡度为 30～40 度的山坡筑造洞穴，很少在较为陡峭的地方，也不在平地上。它的力气很大，如果在洞口抓住它的尾巴，三四个人也难把它从洞里拉出来。它更是挖洞的能手，挖洞的深度和速度都十分惊人，一天可以挖一条 5 米深、10 余米长的隧道，真是名不虚传。穿山甲的洞穴一般为盲洞，只有一个洞口，挖洞时用粗大的尾巴钉住后方的地面，用前肢上的利爪挖土并推向后方，再由后肢把刨出的土向后推出。有时它先用前爪把土掘松，将身子钻进去，然后竖立起全身的鳞片，形成许多"小铲子"，身体一边向后倒退，一边把挖松的土铲下，拉出洞外。前进时，则将全身的鳞片闭合，又形成许多把瓦工的"抹子"，将洞顶刮抹得平滑而坚固。有人计算过，穿山甲每小时可以挖土 64 立方厘米，所挖出的泥土的重量相当于它的体重。为了适应洞穴里氧气不足的环境，穿山甲的耗氧量大大小于其他哺乳动物。

穿山甲的食量很大，一只成年穿山甲的胃，最多可以容纳 500 克白蚁。据科学家观察，在 15 万平方米林地中，只要有一只成年穿山甲，白蚁就不会对森林造成危害，可见穿山甲在保护森林、堤坝，维护生态平衡、人类健康等方面都有很大的作用。

穿山甲平时独居于洞穴之中，只有繁殖期才成对生活。与洞穴生活相适应，穿山甲有爱清洁的习性，每次大便前，先在洞口的外边 1～2 米的地方用前爪挖一个 5～10 厘米深的坑，将粪便排入坑中以后，再用松土覆盖。洞穴的结构也很有讲究，常常随着季节和食物的变化而不同，一般有两种主

你知道吗

白蚁

　　白蚁亦称螱，坊间俗称大水蚁（因为通常在下雨前出现，因此得名），等翅目昆虫的总称，约 3000 多种。为不完全变态的渐变态类并是社会性昆虫，每个白蚁巢内的白蚁个体可达百万只以上。

要形式：一种是夏天住的，叫作夏洞，建在通风凉爽，地势较高的山坡上，以免灌进雨水，洞内隧道较短，大约为 30 厘米左右，里面结构比较简单；另一种是冬天住的，叫作冬洞，筑于背风向阳，地势较低的地方，距地面垂直高度有 4 米多。洞内结构比较复杂，隧道弯弯曲曲，形似葫芦，每隔一段距离还有一道用土堆起的土墙，长度可达 10 余米。隧道中间还建有两三个白蚁的巢，成为其冬季的"粮仓"。洞的尽头有一个较为宽敞的凹穴，里面铺垫着细软的杂草，用以保暖，是其越冬期的"卧室"，也用作"育婴室"。

奇妙的陆地动物

探索水中生物

SHENGWUQUAN DA JIEMI

　　2012 年 4 月，在美国加利福尼亚州沿海的部分核电站运营商陆续关闭了一些电站，原因竟然是樽海鞘等小动物和其他小型水母侵入了冷却水的取水系统，堵塞了过滤系统。更令人挠头的是这些樽海鞘具有无性繁殖能力，只要天气条件合适就可以呈现严重的问题，导致冷却水取水设施出现大量凝胶状生物群。小小的水生物竟给人类带来如此大的麻烦。不过，换个角度想，海洋是所有生命的共有资源，不能因为人类的利益而挤占其他生物的生存空间。水中生物种类繁多，它们的秘密也很多哦！曾经发生过鲸鱼集体自杀事件，热带海域里有一种两足直立行走的章鱼，还有不在水里生活的鱼。

鲸集体“自杀”之谜

　　1979 年 7 月 17 日，加拿大欧斯海峡狭长的沙滩上，突然从海中冲上来一大群不速之客——鲸，粗略估算一下，足有百余头。这群鲸集体冲上海滩“自杀”的消息在当地引起了很大的轰动。其实，有关鲸集体“自杀”的事，在世界其他一些海域也曾发生过。在 1784 年，法国海岸就发生过这类怪事，这年 3 月 13 日，在奥捷连恩湾里，只见一群抹香鲸趁涨潮时游上海滩，退潮时，也不肯游去。结果有 32 头鲸搁浅在沙滩上，吼叫之声在数千米外都能听到，最后，这群抹香鲸活活干死在沙滩上。当时，人们还没有援救鲸的意识，只是眼睁睁地看着它们“自杀”。到了 20 世纪六七十年代之后，人们慢慢有了援救鲸类的意识，然而事情并不那么简单。1970 年 1 月 11 日，在美国佛罗里达州的一处海滩上，一大群逆戟鲸不顾一切冲上海滩，冲上来的达 150 余头。海岸警备队发现了它们，立即把它们拖回到海里，可是它们又冲上岸，个个都是“宁死不屈”的样子。最后那些冲到海滩上的，全部干死了。这个事例说明，鲸冲上海滩，并不是误入歧途，而是它们完全不想活了。说它们是“自杀”一点儿也不过分，而且是地地道道的集体“自杀”。

　　鲸为什么要集体“自杀”呢？几十年来，不少人都在研究这个问题，得出的结果也不一致。有人说，鲸“自杀”可能是鲸群中的领头鲸神经错乱而导致的结果；有的认为，鲸“自杀”可能是这群鲸患了某种我们人类还弄不清的疾病所致；还有人说，可能是鲸群追捕食物误入浅滩搁浅的缘故。总之，众说纷纭，莫衷一是，不过，这些说法都不能使人信服。

　　为了揭开鲸集体“自杀”之谜，许多科学家进行了大量深入的研究工作，取得了不少的进展。荷兰科学家杜多克收集整理了 133 例鲸“自杀”的事例。他发现，鲸“自杀”的地方，在地球各个角落都有，通常是在低海岸、水下沙滩、沙地或是淤泥冲积地区的海角。鲸有精确的回声定位器官，发生“自杀”时，往往是因为鲸的测定方位器官受到干扰，以致导航系统发生困难而“自杀”的。造成回声定位系统失灵的主要原因是遇到了缓斜沙质海底。另一个原因是鲸在捕捉食物时，由于声波系统紊乱造成的。俄罗斯的学者则认为，

鲸集体"自杀"的原因是出于一种保护同类的本能。据1985年美国科学家的一份研究报告说，从212例鲸和海豚集体"自杀"的事例分析，凡是发生鲸类"自杀"的地方，全都是磁场最弱的地方。这意味着什么呢？它与鲸的集体"自杀"有必然联系吗？这都没有最后的答案，可见，鲸集体"自杀"之谜并没有真正揭开。

拓展阅读

导航系统

导航系统是指具有GPS全球卫星定位系统功能的车用工具，并且利用语音提示的方式来引导驾驶员开车。常见的GPS导航系统一般分为五种形式：手机式、PDA式、多媒体式、车载式、笔记本式。随着智能手机的普及和PDA功能的手机化，前三种形式开始出现交叉，而车载式除了前面提到的与CD机头集成在一起的产品外，许多车型原车自带的GPS也属于这种类型。

探索水中生物

鲸类王国里的"方言"

人类由于居住的地域环境不同，会形成各种各样不同的方言。那么生活在海洋中的动物有没有方言呢？科学家们发现，海洋动物尤其是鲸类不仅像人类一样有"语言"，而且也有不同的"方言"。

在鲸类王国里，要数海豚家族的种类最多了，全世界共有30多种。海洋科学家发现，海豚发出的叫声共有32种，其中太平洋海豚经常使用的有16种，大西洋海豚经常使用的有17种，两者通用的有9种，可见太平洋海豚与大西洋海豚有一半语言互相听不懂，这就是由于地域不同产生的海豚的"方言"。因此海洋学家认为，海豚不仅可以利用声波信号在同种海豚间进行通信联络，也可以在不同种类的海豚间进行"对话"。虽然它们不能做到完全理

解，不过也能达到似懂非懂的程度。现在还没有人能听懂海豚的"哨音"，无法理解它们的通信内容。有人推测，这种聪明的动物也可能具有类似于人类语言的表达能力。

体长 11～15 米、平均体重 25 吨的座头鲸非常善于"交谈"，不仅能"唱"出使人萦绕于心头的优美歌声，而且能连续"歌唱"22 个小时。虽说渔民们早就知道座头鲸会"唱歌"，但人们对其歌声的研究却起步较晚。1952 年，美国学者舒莱伯在夏威夷首次录下了座头鲸发出的声音，后经电子计算机分析，发现它们的歌声不仅交替反复有规律，而且抑扬顿挫、美妙动听，因而生物学家称赞它为海洋世界里最杰出的"歌星"。座头鲸的鼾声、呻吟声和发出的歌声，都可用来表示性别并保持群落中的联系。一个"家族"即使散布在几十平方千米的海面上，仍能凭借歌声了解每一个成员所在的位置。座头鲸的嗓门儿很大，音量可达 150 分贝，有些鲸的声音甚至能传出 5 千米以外。

如果说座头鲸是鲸类世界里的"歌唱家"，那么虎鲸就是鲸类王国中的"语言大师"了。虎鲸能发出 62 种不同的声音，而且这些声音有着不同的含义。更奇妙的是，虎鲸能"讲"不同"方言"和多种语言，其"方言"之间的差异既可能像英国各地区的方言一样略有不同，也可能如英语和日语一样有天壤之别。这一发现使虎鲸成为哺乳动物中语言上的佼佼者，足以和人类或某些灵长类动物相媲美。

加拿大海洋哺乳动物学家约翰·福特一直从事虎鲸的联系方式的研究。他对终年生活在北太平洋的大约 350 头虎鲸进行了追踪研究。这些虎鲸属于在两个相

广角镜

灵长类

灵长目是哺乳纲的一个目，目前动物界最高等的类群。大脑发达，眼眶朝向前方，眶间距窄，手和脚的趾（指）分开，大拇指灵活，多数能与其他趾（指）对握。包括原猴亚目和猿猴亚目，主要分布于世界上的温暖地区。灵长类中体型最大的是大猩猩，体重可达 275 千克，最小的是倭狨，体重只有 70 克。人类属于灵长目动物。

邻海域里巡游的不同群体，其中北方群体由 16 个家庭小组所组成。由于虎鲸所发出的声音大部分处于人类的听觉范围内，所以，利用水听器结合潜水观察，能比较容易地录下它们的交谈。

福特认为，虎鲸的"方言"是由它们在水下时常用的哨声及呼叫声组成，这些声音和虎鲸在水中巡游时为进行回波定位而发出的声音完全不同。科学家对每一个虎鲸家庭小组的呼叫，即所谓的方言进行分类后发现，一个典型的家庭小组通常能发出 12 种不同的呼叫，大多数呼叫都只在一个家庭小组内通用。而且在每一个家庭小组内，"方言"都代代相传，但有时家庭小组之间也有一个或几个共同的呼叫。虎鲸还能将各种呼叫组合起来，形成一种复杂的家庭"确认编码"，它们可以借此编码确认其家庭成员。尤其是当多个家庭小组构成的超大群虎鲸在一起游弋时，"编码"就显得特别重要。由于虎鲸方言变化的速度极慢，因而形成某种"方言"所需的时间可能需要几个世纪。

当然，动物界的语言不可能像人类语言那样内涵丰富，但不能由此否定它们的语言的存在。由于人们传统地认为语言是人类的特点，因而对客观存在的动物语言研究极少，所知甚微。如今，科学家已发现鲸类的语言和方言，可见方言并不是人类所特有的。科学家们正致力于研究和理解动物界的独特语言，充当动物语言的合格译员，这对于探索动物世界的生活方式和社会奥秘，无疑有着重要的意义。

拓展阅读

方 言

方言是语言的变体，根据性质方言可分地域方言和社会方言。地域方言是语言因地域方面的差别而形成的变体，是全方言民语言的不同地域上的分支，是语言发展不平衡性而在地域上的反映。社会方言是同一地域的社会成员因为在职业、阶层、年龄、性别、文化教养等方面的社会差异而形成不同的社会变体。

海豚救人的离奇之谜

在人们的心目中，海豚一直是一种神秘的动物。不过，人们对海豚最感兴趣的，恐怕还是它那见义勇为、奋不顾身救人的行为。

历史上流传着许许多多关于海豚救人的美好传说。早在公元前 5 世纪，古希腊历史学家希罗多德就曾记载过一件海豚救人的奇事。有一次，音乐家阿里昂带着大量钱财乘船返回希腊的科林斯，在航海途中水手们意欲谋财害命。阿里昂见势不妙，就祈求水手们允诺他演奏生平最后一曲，奏完就纵身投入了大海的怀抱。正当他生命危急之际，一条海豚游了过来，驮着这位音乐家，一直把他送到伯罗奔尼撒半岛。这个故事虽然流传已久，但是许多人仍感到难以置信。

海豚

1949 年，美国佛罗里达州一位律师的妻子在《自然史》杂志上披露了自己在海上被淹获救的奇特经历：她在一个海滨浴场游泳时，突然陷入了一个水下暗流中，一排排汹涌的海浪向她袭来。就在她即将昏迷的一刹那，一条海豚飞快地游来，用它那尖尖的喙部猛地推了她一下，接着又是几下，一直到她被推到浅水中为止。这位女子清醒过来后举目四望，想看看是谁救了自己。然而海滩上空无一人，只有一条海豚在离岸不远的水中嬉戏。近年来，类似的报道越来越多，这表明海豚救人绝不是人们臆造出来的。

海豚不但会把溺水者推到岸边，而且在遇上鲨鱼吃人时，它们也会见义勇为，挺身相救。1959 年夏天，"里奥·阿泰罗"号客轮在加勒比海因爆炸失事，许多乘客都在汹涌的海水中挣扎。不料祸不单行，大群鲨鱼云集周围，眼看众人就要葬身鱼腹了。在这千钧一发之际，成群的海豚犹如"天兵天将"

突然出现，向贪婪的鲨鱼猛扑过去，赶走了那些海中恶魔，使遇难的乘客转危为安。

海豚始终是一种救苦救难的动物。人类在水中发生危难时，往往会得到它的帮助。海豚也因此得到了一个"海上救生员"的美名，许多国家都颁布了保护海豚的法规。那么海豚为什么要救人呢？在人们对海豚没有充分认识之前，总以为它是神派来保护人类的。由于科学的进步，人们对海豚的认识进一步加深，其神秘面纱逐渐被揭开。那么，海豚救人究竟是一种本能呢，还是受着思维的支配？

动物学家发现，海豚营救的对象不止限于人。它们会搭救体弱有病的同伴。1959 年，美国动物学家德·希别纳勒等人在海中航行时，看到两条海豚游向一条被炸药炸伤的海豚，努力搭救着自己的同伴。海豚也会救援新生的小海豚，有时候这种举动显得十分盲目。在一个海洋公园里，有一条小海豚一生下来就死掉了，但它仍然不断地被海豚妈妈推出水面。其实，凡是在水中不积极运动的物体，几乎都会引起海豚的注意和极大的热忱，成为它们的"救援"对象。有人曾做过许多试验，结果表明，海豚对于面前漂过的任何物体，不论是死海龟、旧气垫，还是救生圈、厚木板，都会做同样的事情。1955 年，在美国加利福尼亚海洋水族馆里，有一条海豚为搭救它的宿敌——一条长 1.5 米的年幼虎鲨，竟然连续 8 天把它托出水面，结果这条倒霉的小鲨鱼终于因此而丧了命。

据此海洋动物学家认为，海豚救人的美德，来源于海豚对其子女的"照料天性"。原来，海豚是用肺呼吸的哺乳动物，它们在游泳时可以潜入水里，但每隔一段时间就得把头露出海面呼吸，否则就会窒息而死。因此对刚刚出生的小海豚来说，最重要的事就是尽快到达水面，但若遇

广角镜

思 维

思维分广义的和狭义的，广义的思维是人脑对客观现实概括的和间接的反应，它反应的是事物的本质和事物间规律性的联系，包括逻辑思维和形象思维，而狭义的通常的心理学意义上的思维专指逻辑思维。

探索水中生物

到意外的时候，便会发生海豚母亲的照料行为。她用喙轻轻地把小海豚托起来，或用牙齿叼住小海豚的胸鳍使其露出水面直到小海豚能够自己呼吸为止。这种照料行为是海豚及所有鲸类的本能行为。这种本能是在长时间自然选择的过程中形成的，对于保护同类、延续种族是十分必要的。由于这种行为是不问对象的，一旦海豚遇上溺水者，误认为这是一个漂浮的物体，也会产生同样的推逐反应，从而使人得救。也就是说这是一种巧合，海豚的固有行为与激动人心的"救人"现象正好不谋而合。

基本小知识

本 能 行 为

　　某一动物种各成员都具有的典型的、刻板的、受到一组特殊刺激便会按一种固定模式行动的行为模式，是由遗传固定下来的，是在个体发育过程中随着成熟和适当的刺激经验而逐一出现的。像鸟筑巢、蜂酿蜜、鸡孵蛋等觅食、自卫和生殖行动，都是特定物种所具有的先天的本能行为。

　　有的科学家觉得，把海豚的救苦救难行为归结为动物的一种本能，未免是将事情简单化了，其根源是对动物的智慧过于低估。海洋学家认为，海豚与人类一样也有学习能力，甚至比黑猩猩还略胜一筹，有海中"智叟"之称。研究表明，不论是绝对脑重量还是相对脑重量，海豚都远远超过了黑猩猩，而学习能力与智力发达密切相关。有人认为，海豚的大脑容量比黑猩猩还要大，显然是一种高智商的动物，是一种具有思维能力的动物，它的救人"壮举"完全是一种自觉的行为。因为在大多数情况下，海豚都是将人推向岸边，而没有推向大海。20世纪初，毛里塔尼亚濒临大西洋的地方有一个贫困的渔村艾尔玛哈拉，大西洋上的海豚似乎知道人们在受饥馑煎熬之苦，常常从公海上把大量的鱼群赶进港湾，协助渔民撒网捕鱼。此外，类似海豚助人捕鱼的奇闻在澳大利亚、缅甸、南美也有报道。

　　海豚对人类这样一心一意，到底是为了什么呢？在鲨鱼面前，海豚是疯狂的击杀之神，攻击人类可谓易如反掌，但却从来没有海豚伤人的记录。最令人无法理解的是，即使当人们杀死一条海豚的时候，其他在场的海豚也只是一旁静观，绝不以牙还牙。对于协作精神很强的海豚，这样的表现实在令动物学家深感困惑。

鱼类缺觉也会睡懒觉

鱼类是否会睡觉？这是长期以来一直萦绕在人们心中的谜团。一项最新研究显示，夜晚被打扰后，鱼类也喜欢睡个懒觉。

和其他大部分鱼种一样，斑马鱼也没有眼睑，因此，当它们静止不动时，人们很难确定它们是在睡觉还是在休息。现在，研究人员不仅能证明鱼类要睡觉，而且还证明了它们也会出现睡眠剥夺和失眠现象。研究人员反复利用适度的电击对这些鱼进行干扰，让这种受欢迎的观赏鱼在夜间保持清醒。他们发现，这些夜间睡眠被扰乱的小鱼只要逮着机会，就会设法补足睡眠。

这项研究中利用的一些小鱼通过遗传变异，产生了能感知降食欲肽的神经系统受体。降食欲肽是一种有助于促进失眠的物质。人类缺少降食欲肽将与嗜睡有关。具有这种变异的斑马鱼出现失眠现象，与不具有这种变异的鱼相比，它们的睡眠时间削减了30%。

知识小链接

遗传变异

遗传变异是同一基因库中，生物体之间呈现差别的定量描述。在DNA水平上的差异称"分子变异"。遗传与变异，是生物界普遍发生的现象，也是物种形成和生物进化的基础。

这项研究让研究人员更深入地了解了控制睡眠的分子的功能，他们希望对斑马鱼做进一步研究。因为斑马鱼拥有与哺乳动物类似的中枢神经系统，对它们进行研究，有助于更好地了解人类存在的睡眠紊乱问题。研究人员说："睡眠紊乱普遍存在，而且人们对它了解很少。在进一步的研究中，大脑怎样产生睡眠以及为什么产生睡眠，将成为主要思索目标。在这项研究中，我们证明了用于遗传研究睡眠的多刺的鱼也需要睡眠。"

美国和法国的这个研究组对这些鱼进行了监控，发现它们睡觉时，尾鳍

下垂，停在浴缸的表面或底部。美国斯坦福大学的伊马里·米格诺特进行了这项研究，他说："关于怎样或者为什么睡眠被自然进化选中和它是如此普遍的问题，这项研究可能给我们提供了重要线索。"

热带海域章鱼两足直立行走

美国研究人员报告说，他们发现印度洋底有两种章鱼在逃避猎食者时能用两只触手走路，并同时用其他6只触手做伪装。这是研究人员首次发现可以进行两足行走的水下生物。

知识小链接

触　手

触手系存在于多数低等动物身体前端或口周围等处，能自由伸屈之突起物的总称。是一种生物体上的器官或称触须、触角，常见于软体动物，通常是复数，从数根到无法计量之数目的蠕动柔软细长器官。大多用作传感外界环境变化，但触手也可用来攫取物体。

美国加利福尼亚大学伯克利分校和印度尼西亚北苏拉威西省萨姆拉图兰吉大学的研究人员，是在研究水下动物运动的录像带时发现这两种章鱼的。其中一种是印尼条纹章鱼，大小如苹果。条纹章鱼遇到潜水者时，会以两只触手"行走"，其余6只触手包裹全身，使其看起来像一只滚动的椰子。另外一种章鱼来自澳大利亚，全身长满了棘刺，大小有如核桃。这种章鱼行走时，将两只触手高高举起，其他4只也抬高，用剩余两只快速地倒退行走，看起来像"一团踮着脚走路的海藻"。

研究人员在美国《科学》杂志上说，这两种章鱼的行走方式与章鱼通常的爬行方式不同。章鱼通常是将多只触手伸展在身体周围，靠触手顶端吸盘的推拉带动身体行动。研究人员认为，这两种章鱼的行走方式是一种逃生方式，不用于走路的6只触手起到伪装的作用，以逃脱捕食者的攻击。

此外，这次发现还对传统的动物行走理论提出了挑战。传统理论认为，动物必须具有肌肉，通过肌肉拉动坚硬的骨骼，才能行走。但是章鱼是没有骨骼和肌肉的。

拓展阅读

《科学》杂志

《科学》是发表最好的原始研究论文，以及综述和分析当前研究和科学政策的同行评议的期刊之一。该杂志于1880年由爱迪生投资1万美元创办，于1894年成为美国最大的科学团体"美国科学促进会"的官方刊物，全年共51期，为周刊，全球发行量超过150万份。

探索水中生物

世界上最小的鱼与蚊子一般大

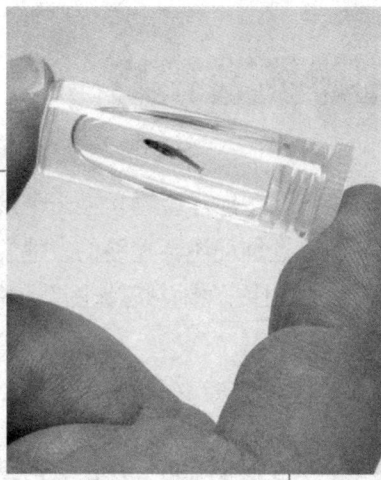

世界上最小的鱼

依靠0.1毫米之差，"世界上最小的鱼"纪录再次刷新。一些来自欧洲国家和新加坡的专家发表研究结果称，他们在印度尼西亚苏门答腊岛发现一种"袖珍鱼"，体长仅有7.9毫米，相当于蚊子的大小。

这种鱼虽然是世界上身材最小、体重最轻的，但名字很有趣，叫"胖婴鱼"。估计再小的鱼钩对它们来说都无法下咽。这种"袖珍鱼"不但夺得"世界最小鱼"的称号，也成为世界上最小的脊椎动物。

脊椎动物

脊椎动物是有脊椎骨的动物，是脊索动物的一个亚门。这一类动物一般体形左右对称，全身分为头、躯干、尾三个部分，躯干又被横膈膜分成胸部和腹部，有比较完善的感觉器官、运动器官和高度分化的神经系统。包括鱼类、两栖动物、爬行动物、鸟类和哺乳动物等五大类。

这一研究小组由伦敦动物学家拉尔夫·布里茨领衔，成员还包括瑞士鱼类学家莫里斯·科特拉以及来自德国和新加坡的两名同行。

《伦敦英国皇家学会学报》刊登了这一研究小组的研究成果。这种"袖珍鱼"，其中一条成熟雌性的个体从鼻子到尾巴总长为 7.9 毫米，刷新了"世界上最小的鱼"的纪录。

"胖婴鱼"外形细长，看起来像条小虫子，它们无鳍，无齿，无鳞，身体除眼睛外无色素沉着，全身透明，雌鱼在 2～4 周大的时候产卵。"胖婴鱼"一般寿命在 2 个月左右，成年雄性能够长到 8.6 毫米，而雌性则稍小。

此前，"世界上最小的脊椎动物"的桂冠一直戴在印度洋—太平洋海域的"鰕虎鱼"头上，其最小个体在成熟期时体长为 8 毫米。

揭开海洋动物长途迁徙而不迷路之谜

据英国《泰晤士报》报道，科学家可能已经解开了海洋生物学上一个最令人费解的谜团：海洋动物是怎样在茫茫大海长途迁徙而不会迷路的。他们发现了一些证明海龟和鲑鱼可以读取它们的出生地周围的"地球磁场图"，并将这些"数据"牢记在大脑里的证据。

鲸鱼和鲨鱼及很多其他生物可能正是利用类似的方法在海洋中自由穿行的，而且这些动物还能觉察并记下地球磁场的变化。北卡罗来纳大学教堂山分校的生物学教授肯尼斯·罗曼恩说："在一些岩石丰富的海区，磁矿石引起当地出现磁力异常现象。"人们经常认为，这种异常现象对磁性敏感的动物来说，一种非常有意义的可能性是，磁力异常可能被当作一个非常有用的标记。

长期以来，科学家已经知道地球磁场在不断发生轻微的变化，而且每一个海洋都有不同的磁场特征。但是他们不能确定海洋生物是否可以发现这些磁场特征。

人们一直认为鲑鱼可以利用鳃"嗅"河水，找到它们出生的河流，但是后来科学家意识到，这种方法只能在很短的距离内产生作用。另一种可能性是流体力学。流体力学是水流和波浪的相互作用、海岸线和海床产生的水体运动形式。如今，罗曼恩和其他人正在努力证明海洋生物是通过三种方法在海洋中行进的，但是在长途迁徙中，"磁导航"应该是最重要的方式。

你知道吗

磁场

磁场是一种看不见而又摸不着的特殊物质，它具有波粒的辐射特性。磁体周围存在磁场，磁体间的相互作用就是以磁场作为媒介的。由于磁体的磁性来源于电流，电流是电荷的运动，因而概括地说，磁场是由运动电荷或电场的变化而产生的。

探索水中生物

罗曼恩选择研究海龟和鲑鱼的原因是，这两种海洋生物都用很长时间进行长途迁徙，但是它们似乎永远都能记住如何返回家园。在其中一项试验中，罗曼恩证明了幼年海龟拥有一个"内置地磁图"，它们在这个地图的引导下，首次成功穿越了大西洋。

大王乌贼的趣闻

海底世界里最大的软体动物，莫过于头足纲鞘形亚纲乌贼目中的大王乌贼。早在19世纪末叶，对大王乌贼就有过这样的记载：它的身长为3米，触手长达15米。它的眼睛直径达30厘米，这在整个动物世界也是举世无双的。这种乌贼也是所有无脊椎动物中体积最大的动物。

大王乌贼生活在深海的水域里，通常人们难以观察到这一神秘"海中巨人"的"庐山面目"，要捕获它也十分不易。最早人们是从捕获到的抹香鲸的胃里找到了大王乌贼的躯体，可解剖抹香鲸所得到的不过是经过胃液消化的

残存肌体组织——它们的触手和两颌躯体部分。直到 1877 年，人类才首次在北大西洋纽芬兰的海滩上找到了一具大王乌贼的尸体，并据此制作了唯一基本完整的大王乌贼标本。

广角镜

软体动物

　　无脊椎动物软体动物门是除昆虫外歧异最大的类群，约 75000 种。体质的差异很大，但有共同的特征：体柔软而不分节，一般分头—足和内脏—外套膜两部分。背侧皮肤褶襞向下延伸成外套膜，外套膜分泌包在体外的石灰质壳。无真正的内骨骼。体内有一血腔。软体动物的族群包括乌贼、章鱼、鹦鹉螺和已经绝种的菊石与箭石。

　　抹香鲸是大王乌贼不共戴天的敌人，一旦在海中相遇，总少不了一场生死搏斗。动物学家晋科维奇曾在 1938 年身临其境地目睹了这两强相遇的惊心动魄的场面。那是一个海面平静的早晨，人们突然发现一条抹香鲸纵身跃出海面，并不断地在海面翻滚拍打，就好像是被渔叉刺中而拼命挣扎。猛地看去，抹香鲸硕大的头上像是套上了一个特大号的超级花圈，花圈的形状一直在变化着，一会儿扩张，一会儿缩小。仔细一看，原来那是一条大王乌贼用它那超长的触手死死地纠缠住鲸鱼的大头，如同给它套上一个紧箍，让它痛不欲生……抹香鲸则试图运用猛烈拍击海面的手法来击昏对手，它反复地将全身跃出海面，凶猛地拍打翻滚，终于将乌贼制伏，并最终将猎物吞食于腹中。

　　其实，按理说大王乌贼也是一种生性凶猛的动物，它与抹香鲸的两强相争的厮杀，很难判断究竟是谁主动发起攻击的。像大王乌贼这类的头足纲软体动物，游泳极其神速，它当时若要想避免与抹香鲸发生正面冲撞和厮杀的话，是完全可能轻而易举地逃离的。

不在水里生活的鱼

　　"鱼水情"恐怕是鱼与水之间一个永恒的情感命题。然而这无奇不有的大

千世界里，也有不在水里生活的鱼类。肺鱼这种在大洋洲、美洲、非洲均有分布的鱼，除了鳃的呼吸功能与其他鱼没有什么两样外，还有一个特殊的本领，能从大气中吸进空气，经它们的肠道进入鳔内。肺鱼的鳔与众不同——具有肺的构造与功能，鳔的内部血管网络纵横交织，吸进氧气呼出二氧化碳的气体代谢过程就在这肺一样的鱼鳔中进行。

基本小知识

鱼　鳔

硬骨鱼类大多数都有鳔。鱼鳔的体积约占身体的5%左右，其形状有卵圆形、圆锥形、心脏形、马蹄形等。鱼鳔里充填的气体主要是氧、氮和二氧化碳，氧气的含量最多，所以在缺氧的环境中，鱼鳔可以作为辅助呼吸器官，为鱼提供氧气。

探索水中生物

由于肺鱼的长住环境是杂草丛生的池塘，因此，它并不是时时刻刻都用"肺"呼吸，一旦栖息地的水质发生变化或水塘干涸，它们的"肺"就派上用场了。这种适应环境不断变化的应变能力是自然界生存竞争、适者生存的客观反映，而肺鱼则正是生存竞争中的强者。

非洲热带雨林的气候具有雨季和旱季泾渭分明的特征。在那里生长着的肺鱼在旱季到来、水源干涸的时候，就将自身藏匿在淤泥之中。它们巧妙地在淤泥中构筑一间"独善其身"的"泥屋"，仅在相应的地方开一个呼吸孔。它们就这样使身体始终保持湿润，在"泥屋"中养精蓄锐。数月后，雨季来临，"泥屋"便会在雨水的浸涮下土崩瓦解，肺鱼结束了"休眠"状态，重新回到有水的天地。有人曾在旱季将非洲肺鱼连同它的"泥屋"整体迁徙到欧洲大陆。经温水浸润后，肺鱼居然从"泥屋"的废墟中复活了，并在一只鱼缸里生活了好几年。

攀鲈是生长在印度、缅甸和菲律宾群岛的一种鱼，遇到干旱

广角镜

应变能力

应变能力是指自然人或法人在外界事物发生改变时，所做出的反应可能是本能的，也可能是经过大量思考过程后所作出的决策。

肺 鱼

季节，它们也能在淤泥中栖息度日，倘若干旱旷日持久，它们不会在泥中耐受煎熬，而会去开辟新的生存领地。它们借助于自身的胸鳍和鳃盖上的锐利钩刺在陆地上艰难地行走。攀鲈的鳃边长着两个腔室（动物学上称之为"迷路"），腔室内部布满了微血管网络，吸入的空气在腔室中分离出来的氧气，通过微血管壁渗入血液中，保证了攀鲈在陆地上的生存供氧。

印尼爪哇岛海域里的一种热带鱼——弹涂鱼，它们也能在水外寻求生存空间。弹涂鱼总是眷恋着生长在浅海水域的红树灌木。涨潮时，它们与红树的根基同在水中休养生息；退潮时，红树树根深露出水面，它们也就离开了水，又跳又蹦地捉食昆虫和无脊椎动物。它之所以能长时间在水外生活，是由于它们鳃前的喉部蓄存着一些永不干涸的水，这些水能保持身体润泽免受干渴之苦。有一种银色弹涂鱼还非得周期性到陆地上"度假"，倘若长期强求它们生活在水中的话，倒是会出毛病，甚至会闷闷不乐地死去。

拓展阅读

迷 路

内耳由一些埋藏在坚硬骨头里面的弯曲管道和囊所组成，因为它构造复杂，管道盘旋，形同迷宫，因此叫作迷路。内耳迷路外壳质地坚硬，有如象牙，叫做"骨迷路"。骨迷路中包藏着和它形状大致相仿的"膜迷路"。骨迷路和膜迷路之间有外淋巴液。

抗冻的鳕鱼

南极鳕鱼生活在南大洋比较寒冷的海域，甚至在位于南纬 82 度的罗斯冰架附近，都有它的分布。它体长 40 厘米左右，体重为几千克，体形短粗，呈银灰色，略带黑褐色斑点，头大，嘴圆，唇厚，血液为灰白色，没有血红蛋白。作为食用鱼类，它肉嫩质白。味道鲜美可口，营养价值较高。

它的独特生理功能是抗低温，能够在寒冷的天气中生存。因此，南极鳕鱼除了作为重要资源而进行商业性开发外，它的抗冻功能也备受重视。

你知道吗

冰架

冰架是指陆地冰或与大陆架相连的冰体（如北极冰架），延伸到海洋的那部分。崩解后的冰架成为冰山，或者可以说冰山的来源就是冰架崩解。冰架有大有小，大的冰架可达数万平方公里。两极地区是冰架最为集中的地区。冰架崩解是一种自然现象。

一般鱼类在 –1℃ 就冻成"冰棒"了。南极鳕鱼却能在 –1.87℃ 的温度下活跃地生活，若无其事地游来游去。原来在南极鳕鱼的血液中有一种特殊的生物化学物质，叫作抗冻蛋白，就是这种抗冻蛋白在起作用。

抗冻蛋白所以具有抗冻作用，是因为其分子具有扩展的性质，好像其结构上有一块极易与水或冰相互作用的表面区域，以此降低水的冰点，从而阻止体液的冻结。因此，抗冻蛋白赋予南极鳕鱼一种惊人的抗低温能力。

海底鸳鸯

在中国及日本南部沿海，生长着一种大型节肢动物，外形像一只瓢，雌雄整天形影不离，行走、吃食、休息都钩夹在一起，这就是人们称为"海底

探索水中生物

鸳鸯"的鲎。

生活在深海里的鲎不属于鱼类，而是属于节肢动物门肢口纲。鲎是节肢动物中体型最大的种类。因为它的体形像马蹄，行动像蜘蛛，有人称它为马蹄蟹或鲎珠。在 4 亿年前的泥盆纪末期，鲎就问世了，它堪称海洋里的远古遗民，是一类与化石三叶虫一样古老的动物。由于它历尽沧桑却没有多少进化，至今仍保持着原始生物的老样子，因而被称为"活化石"。

广角镜

节肢动物

节肢动物，也称"节足动物"，动物界中种类最多的一门。身体左右对称，由多数结构与功能各不相同的体节构成，一般可分头、胸、腹三部，但有些种类头、胸两部愈合为头胸部，有些种类胸部与腹部未分化。体表被有坚厚的几丁质外骨骼，附肢分节。除自由生活的外，也有寄生的种类。

鲎对"爱情"很专一，雌雄一旦结为夫妇，便形影不离。肥大的雌鲎，背驮着比它瘦小的"丈夫"，蹒跚爬行，因此获得"海底鸳鸯"的美称。北部湾一带的渔民都称它们为"俩公婆"。每年春深水暖，成群的鲎乘大潮从海底游到海滩生儿育女。有经验的渔民熟悉鲎的行动路线，事先在半路上布下了长长的渔网。鲎一旦遭到暗算，就插翅难逃，只好网中待毙。这些夫妻鲎，不论是从深海旅行到浅滩，还是被捕入"狱"，从来都是双宿双游，总不分开。最令人惊讶的是，当公鲎的尾巴被抓住时，这只公鲎紧紧抱住母鲎不放，母鲎也不愿弃夫而逃，结果它们一块儿被提出水面。

海参奇特的生活习性

在浩瀚的海洋中，海参可称得上是生活习性很奇特的一族。从外观上看，它是一种管状的无脊椎动物，褐色的体表长满许多肉刺，既没有优美动人的体态，又没有高超的游泳技巧。它一般只能在海底缓慢地爬行、蠕动，是生活在海洋最底层、与世无争的一户"居民"。

海参虽然在海底默默无闻，不求名分，但却家丁兴旺，目前全球约有800多个品种。不过，这些品种大多会有毒素不可食用，它们中只有20余种才是宴席上的美味佳肴。例如，产于我国黄海、渤海的刺参和南海的梅花参便属于可食用的海参。

若论"性格"，海参是十分古怪孤僻的，它通常深居简出，只有泥沙地带和海藻丛中才是它们经常光顾和觅食的地方。一旦吃饱了喝足了，它就居住在波流稳定的岩礁孔隙中或大石板下。

知识小链接

微 生 物

微生物是包括细菌、病毒、真菌以及一些小型的原生动物、显微藻类等在内的一大类生物群体，它个体微小，却与人类生活关系密切。涵盖了有益有害的众多种类，广泛涉及健康、食品、医药、工农业、环保等诸多领域。

海参一日三餐真是简单得不能再简单了，吃的尽是其他海生动物不屑一顾的泥沙、海藻以及微生物等。最令人感到不可思议的是，海参的再生能力极强，科学家曾对它做过试验，将其身体切成三段，然后放在海水中继续养殖，哪想半年时间过后，每一段海参不但仍然活着，而且都长成了一个完整的海参。更为奇妙的是，海参遇到敌人的袭击或者恐吓时，它居然会把自己的内脏通过肛门全部排出体外丢掉，以此迷惑敌人，自己却乘机逃之夭夭。海参丢掉了自己的内脏后并不会死掉，它照样可以活得好好的，过了几个月时间之后，它体内又能重新长出完整无缺的新内脏来。据观察，海参在其一生中，可反复多次排出内脏，

趣味点击 —— 夏 眠

夏眠与冬眠一样都是动物在缺少食物的季节为了生存的自然现象，夏眠也叫"夏蛰"。动物在夏季时生命活动处于极度降低的状态，是某些动物对炎热和干旱季节的一种适应。例如地老虎（昆虫）、非洲肺鱼、沙蜥、草原龟、黄鼠等都有夏眠习惯。

又重新长出内脏。

陆地上的一些动物，比如说青蛙、蜗牛、蛇类等是选择冬季"冬眠"的，而海参却与之相反，偏选择夏季"夏眠"。此时，海参往往刚经历了"生儿育女"，体质虚弱，需要静养一番。它在夏眠期间，不吃也不动，胸部朝上，紧紧挨着海底岩石而眠。待到它一觉醒来时，陆地上早已是深秋了。

海参被捕捞上来时，身体往往较大，如果人们对它不及时进行加工处理的话，它便会慢慢地收缩变小，最后竟化成一摊汁水。原来，海参体内充满了海水和含有大量的蛋白质，这些蛋白质极容易分解变成水汁一样的各种氨基酸。为此，人们将海参捞上岸之后，通常需迅速去除其内脏，然后再用清水煮沸，并用食盐渍起来，再经过风干日晒，使之变成干品海参。

爬、游、飞三项全能的豹鲂鮄

"鱼儿离不开水"，这句话说明了鱼一生都在水中度过，所以说在水中游泳是鱼的本能。但是有的鱼除能在水中游外，还能在空中"飞"，如飞鱼；有的还能在海滩上跳，如弹涂鱼。能"飞"能跳的这些鱼只具有两项本领。豹鲂鮄却有爬、游、飞三项本领，可以说具有"海、陆、空"立体运动的能力。

豹鲂鮄胸鳍的三根鳍条是独立的，能够自由活动，它借助这三根鳍条在广阔的海底自由自在地爬行。同时这些独立的鳍条，也是豹鲂鮄的触觉器官，利用它们可以感知海底周围环境情况。

拓展阅读

用进废退

用进废退这个观点最早是由法国生物学家拉马克提出，他在《动物的哲学》中系统地阐述了进化学说，提出了两个法则：一个是用进废退，一个是获得性遗传，认为两者既是变异产生的原因，又是适应形成的过程。他提出物种可以变化，种的稳定性只有相对意义，认为生物在新环境的直接影响下，习性改变、某些经常使用的器官发达增大，不经常使用的器官逐渐退化。

由于这三根独立鳍条的特殊机能，因而驱动这些鳍条的肌肉也就特别发达。这就是物竞天择、自然选择的结果——器官用进废退。

当豹鲂鮄从海底爬行转为在水中游泳时，胸鳍及鳍前的三根独立鳍条就收拢，紧贴在体侧，以减少在水中的阻力。豹鲂鮄游兴达到高潮时，便以极快的速度冲出水面，继而展开"双翅"——胸鳍，在空中飞行。实际上豹鲂鮄的"飞"和飞鱼的"飞"都不是真正的鼓翼飞行，而只是依靠风力的作用。

奇怪的叶形鱼

为了防御敌人，许多鱼类都有自己特殊的自卫武器和保护身体的色彩，叶形鱼也是如此。

在南美洲的小河里生活着一种不大的鱼，外形像叶子，颜色与红叶树的老叶相同，头的前端生着一个形状和叶柄相似的小突起，看上去像一片树叶，当它穿行在小河两岸边的水草丛时，就像岸边树上掉下的一片叶子。这种鱼的行动也很奇特，没有任何游水的动作，在水中它好像是顺水漂浮，仔细观察，才能发现它们在频繁地摆动着鳍划水，它们的鳍很小，而且透明无色，在水中几乎看不出它们在摆动。

叶形鱼常常一动不动地躺在水底、几乎与落到水里的树叶毫无区别。当用网捞起它们时，它们也毫不动作，人们必须仔细挑出捞到的树叶，才能从中发现一些是"活"的——叶形鱼。早就听说过"鱼目混珠"，但像叶形鱼这种以"鱼身混叶"的还真不多见。

小丑鱼与大海葵

在我国南海地区生活着一群素有"小丑"之称的鱼类，它们属鲈形目雀鲷科双锯鱼属，其身体色彩艳丽，多为红色、橘红色，体长仅五六厘米。因为双锯鱼类的脸上都有1条或2条白色条纹，好似京剧中的丑角，所以俗称"小丑鱼"。但实际上它们身上的色彩特别艳丽，叫它们"小丑鱼"真不公平。

　　小丑鱼喜群体生活，几十尾鱼儿组成了一个大家族，其中也分"长幼"、"尊卑"。如果有的小鱼犯了错误，就会被其他鱼冷落；如果有的鱼受了伤，大家会一同照顾它。可爱的小丑鱼就这样相亲相爱，自由自在地生活在一起。但是自然生活中，它们却时时面临着危险，小丑鱼就因为那艳丽的体色，常给它惹来杀身之祸。

　　海葵属无脊椎动物中的腔肠动物，生活在浅海的珊瑚、岩石之间，多为肉红色、紫色、浅褐色。在海葵的触手中含有有毒的刺细胞，这使得很多海洋动物难以接近它。但由于行动缓慢，难以取食，海葵经常饿肚子。长期以来，小丑鱼与海葵在生活中达成了共识，小丑鱼穿行在海葵丛中，而当小丑鱼遇到危险时，海葵会用自己的身体把它包裹起来，保护小丑鱼。因为海葵的保护使小丑鱼免受其他大鱼的攻击，同时海葵吃剩的食物也可供给小丑鱼，而小丑鱼亦可利用海葵的触手丛安心地筑巢、产卵。对海葵而言，可借着小丑鱼的自由进出吸引其他的鱼类靠近，从而增加捕食的机会；小丑鱼亦可除去海葵的坏死组织及寄生虫，同时因为小丑鱼的游动可减少残屑沉淀至海葵丛中。像它们这种互相帮助、互惠互利的生活方式在自然界称为"共生"。

基本小知识

腔肠动物

　　腔肠动物大约有 1 万种，有几种生活在淡水中，但多数生活在海水中。这类水生动物身体中央生有空囊，因此整个动物有的呈钟形，有的呈伞形。腔肠动物的触手十分敏感，上面生有成组的被称为刺丝囊的刺细胞。如果触手碰到可以吃的东西，末端带毒的细线就会从刺丝囊中伸出，刺入猎物体内。

会放电的鱼

　　电鳗是生活在中美洲和南美洲河流中的淡水鱼。从外形上看，它像鳗鱼，但从解剖学的构造来鉴别，它更像一种接近鲤科的鱼类。电鳗身长 2 米，体重可达 20 千克，可以称得上是一种大鱼。

狡猾的电鳗通常是神不知鬼不觉地游近毫无戒备的鱼群和蛙类群体，然后突然放电杀伤猎物。

电鳗身怀绝技的奥秘就在于它能发电，在它的身体两侧的肌肉中，分布着一些特殊的发电器官，仿佛是活的伏特电堆：这种由多达 6000 个的特殊肌肉组织薄片构成的肌体部件，由结缔组织在这些薄片之间间隔着，与这种发电器官联通着的还有遍布全身的神经网络。电鳗释放电能时的电压可达 300 伏特，这足以使河里的动物和人体，感受到电鳗的存在及其电流的刺激。

由于电鳗所电杀的猎物远远

广角镜

电 能

电能的利用是第二次工业革命的主要标志，从此人类社会进入电气时代，电能是表示电流做多少功的物理量，也指电以各种形式做功的能力（所以有时也叫电功），分为直流电能、交流电能，这两种电能均可相互转换。

超出了它的好胃口所能容纳的食量，因而不少人认为电鳗是造成某些地方鱼类产量锐减的罪魁祸首。

电鳗不仅能发电，它的肉也味道鲜美，富有营养。为了捕获这种美味，人们总是先将一些家畜赶进河里，让电鳗在它们身上作无谓的放电，以消耗大量的电能。等到体力与电流均减弱的电鳗已经失去了"电击"的杀伤力了，人们就可以放心大胆地下河施网捕鱼尝鲜了。

生活在非洲尼罗河里和西非一些河流中的电鲶，也是一种怀揣发电机的鱼类，所不同的是，它不像电鳗那样残杀无辜，它的

你知道吗

电 场

电场是电荷及变化磁场周围空间里存在的一种特殊物质。电场这种物质与通常的实物不同，它不是由分子原子所组成，但它是客观存在的。电场具有通常物质所具有的力和能量等客观属性。电场的力的性质表现为：电场对放入其中的电荷有作用力，这种力称为电场力。电场的能的性质表现为：当电荷在电场中移动时，电场力对电荷做功。

放电"秘密武器"只限于用来自卫。当地居民甚至还将电鲶的"放电本事"当作一种理疗风湿病的特殊医疗器械。

生活在尼罗河混浊水域里的长颌鱼具有电定位器，它们习惯于把脑袋扎进淤泥中觅食，这样在混水中洞察敌情就显得非常困难。可喜的是它们不仅有供捕食用的发电装置，还有电感应器官。它们的"发电站"每秒钟放电300次，在自身周围形成一个微弱的电场。由于它游动时身体不会弯曲，身体周围的电场便不会扰乱。一旦有大鱼来冒犯，电场的均匀性就被打乱了。鱼体比周围水域的导电性要好得多，电力线就会直指来犯者，长颌鱼的电感应器就会立刻报警。

长颌鱼这一定位器不仅使它们在逃避天敌攻击方面受益，同时也能帮助它正确导航、逾越障碍，正如蝙蝠拥有回声装置一样。对于鱼类而言，水域中的大多数障碍都是电的不良导体，电力线往往被这些东西阻挡。因此，尼罗河长颌鱼总能把动物体与非生命体区分得泾渭分明，而不至于判断失误。

深海中的"懒汉"

坐享其成的懒汉并非人类的专利。生活在深海中的雄性鮟鱇鱼就是货真价实的鱼类"懒汉"。鮟鱇鱼的雄性不仅在体型上比雌性小得多，而且形象上也差别很大。雄性鱼的脑袋上缺少那根鞭子似的长须，以至于长期以来，科学家们都误将这种鱼的两性分成不同的种。

说雄性鮟鱇鱼是懒汉，是指它们在找到"妻子"以后的表现。其实，成熟的雄鱼在求偶方面一点儿也不懒，为此，它们不惜长途跋涉、苦苦寻觅而从不懈怠。它们甚至像得了厌食症那样不吃不喝，在把皮下脂肪全部耗尽之后，仍未如愿地饮恨而死也在所不辞。鮟鱇鱼要真正成为"懒汉"还得先找到"女朋友"。

由于这种鱼非常稀有，且又异地独居，因此找伴侣实属不易。一旦找到合适的对象，雄鮟鱇就会毫不犹豫地将牙齿咬进雌性身体的柔软部位，依附在妻子身上，合二为一地成为一体，常见的组织排异性面对它们如胶似漆的结合也无济于事。这样一来，雄性鱼就成为依附于雌性鱼的"懒汉"，其各类

器官退化，甚至消化系统等器官完全废弃了，只有它的生殖器官功能依旧如前。其所有维持生存不可或缺的氧气和营养成分，都从雌鱼的血液中获取。这时，这个懒家伙干脆就变成了无须觅食的"吸血鬼"。

打洞的专家——威德尔海豹

探索水中生物

栖息于南大洋冰区和冰缘的威德尔海豹是打洞专家。

威德尔海豹需要不断浮出水面进行呼吸，每次间隔时间为 10 ~ 20 分钟，最长可达 70 分钟。在无冰时，浮到水面呼吸很容易，然而，当海面封冻时，呼吸便成了威德尔海豹的一大难题了。当威德尔海豹被封在海冰或浮冰群的底层时，就无法随时浮出水面进行呼吸，它闷得无法忍受时，就不顾一切大口大口地啃起冰来。费尽了平生之力，啃出了一个洞，它才能钻出洞外，有气无力地躺着，尽情地呼吸着空气。然而，它的嘴磨破了，鲜血直流，染红了冰洞内外；它的牙齿磨短了，磨平了，磨掉了，再也不能进食，也无法同它的劲敌进行搏斗了。正是由于这种原因，本来可以活 20 多年的威德尔海豹一般只能活 8 ~ 10 年，有的甚至只活 4 ~ 5 年就丧生了。更严重的是，有的威德尔海豹还没有钻出洞口，就因缺氧和体力耗尽而死亡。

为了保存自己用鲜血和生命换来的冰洞，威德尔海豹每隔一段时间就要重新啃一次，避免洞口被再次冻结。这样，冰洞就成了它进出海洋、呼吸和进行活动的门户。

威德尔海豹用鲜血和生命换来的冰洞，是海洋学家进行海洋科学研究的极好场所。海洋学家可利用这些冰洞采集海水样品，从而进行海洋化学和海洋生物学的研究；还可以把各种海洋学仪

拓展阅读

海洋化学

海洋化学是研究海洋各部分的化学组成、物质分布、化学性质和化学过程，以及海洋化学资源在开发利用中的化学问题的科学。海洋化学是海洋科学的一个分支，和海洋生物学、海洋地质学、海洋物理学等有密切的关系。

器放进冰洞，进行海洋物理学等学科的研究。假如用人工钻这样一个冰洞，要耗费很多人力和物力。因此，人们把威德尔海豹称为打洞专家和海洋学家的有力助手。

传说中的"美人鱼"——儒艮

"美人鱼"这个名字，对于很多人来讲并不陌生，在安徒生童话中就有关于它的美好描写。然而，大多数人恐怕并不明白"美人鱼"的学名是儒艮，主要分布在红海、非洲东岸、孟加拉湾、亚洲东南沿海至澳洲。"美人鱼"的分布与水温、海流以及作为主要食物的海草分布有着密切关系，多在距海岸20米左右的海草丛中出没，有时随潮水进入河口，取食后又随退潮回到海中，很少游向外海。"美人鱼"多以2～3头的家族群活动，在隐蔽条件良好的海草区底部生活，定期浮出水面呼吸。烟波缥缈中，其呼吸或哺乳姿势形如少妇，因此得名"美人鱼"。远古渔民给"美人鱼"编织了许多美丽传说。

儒艮一般体长2～3.5米，重300～400千克，最大的可达1000千克。它的身体呈纺锤形，头部较小，前端较钝，向后方倾斜；嘴巴朝腹面张开，唇上有短而粗的具有触觉功能的刚毛，这是用来搜索和选择食物的。鼻孔生在头的背面，左右并列，鼻孔内有结实的瓣门，可以阻止水的侵入，它的背面深灰色，腹面灰色，皮肤多皱纹，且长有稀而细的短毛。儒艮因以草为食，并且胃与陆地上的牛一样分4个室，所以被称为"海牛"。

儒艮喜欢生活在热带海藻丛生的海域或某些河流中，主要以各种海草及海藻为食，一般成对或结成3～6只的小群一起生活。在水下吃食物时，每隔几分钟浮出水面呼吸一次，它们多在黎明或黄昏时出现觅食，中午是绝对看不到的，白天它潜伏在30～40米深的浅海底，静如岩石。它们吃食物很有规律，所经之处水中植物都会被清除得一干二净，因而有人称它为"水中割草机"。

儒艮肉过去被人们视为美食，人类用它的上门齿制药，用来治疗食物中毒，用它的脂肪作燃料，用它的皮制革。由于它们分布面狭窄，数量本来就不多，加上人类毫无节制地捕杀，目前数量十分稀少，因此，儒艮已被列为

国家一级保护动物。

为什么把海胆称为"海底刺客"

人们习惯于把海胆称为"海底刺客",这首先与它的长相有关。

海胆是一种古老的生物,与海星、海参一样同属棘皮动物,它的身体呈圆球状,有坚硬的外骨骼,全身长满尖而长的刺,每根刺的基部有活动的关节,所以,根根长刺都可用于行走。它走起路来,像一只刺猬,所以人们把它叫作"海底刺猬"。

当然,把海胆称为"海底刺客"的主要原因,还在于它那周身能够运动的刺,刺是它猎食和防敌的武器。

在热带,有一种著名的毒海胆,叫海针,棘尖而细,能穿透人的皮肤,如果折断在皮肤内,会令人痛得发晕。我国南海有一种毒棘海胆也有剧毒,所以,渔民对这个海底刺客望而止步。

然而,海胆虽然"长相"令人生畏,但它却是一种上乘的海鲜。无论从口味、营养、药用等方面,都可与海参、鲍鱼相比。每年 5 ~ 8 月是海胆最肥壮和最适宜采捕的季节。海胆的可食部分是它的生殖腺。雌体深黄色的卵巢和雄体灰白色的精囊都可食用,被日本人称为最佳海味,其营养价值也很高,除含 41% 蛋白质外,还含有钙、磷、铁、多种维生素,以及泛酸、叶酸、卵磷脂、胡萝卜素等。因此,国际市场上需求量大,价格昂贵,在日本每千克海胆卵售价高达 5000 日元以上,居海产品售价之冠。我国出产的

广角镜

棘皮动物

海生无脊椎动物,除部分营底栖游泳或假漂浮生活外,多数营底栖固着生活,常是某些底栖群落中的优势种,化石类别和种类极多,除现生 6 纲外,另有 15 纲之多,始见于早寒武世。刚出生的棘皮动物是两边对称的,生长期间左边增大而右边缩小,直到叠边被完全吸收了,然后这一边长成五锥辐形对称形状。

海胆卵系列食品如蓝渍海胆、酒海胆、海胆酱等享有盛誉。

食用海胆卵，能促进唾液分泌，有健胃和消食双重功能，对胃和十二指肠溃疡，有消炎和加速溃疡愈合的治疗作用，海胆的棘壳亦可作药用，从棘刺中提取的一种毒素具有调节心肌神经活动和激活心肌功能的药效。目前，用海胆提取物抑制人类癌细胞生长的研究，正在我国有关部门积极进行。

海胆多数可供食用，如紫海胆、黑海胆、光棘海胆等，但是，也有不少海胆种类因含毒素而不可供食。无毒海胆和有毒海胆的主要区别在于外表和体色。有毒海胆的外表比可食海胆鲜艳美丽，多种色彩，分选时不难辨认。另外，采捕海胆时，须防刺手指。

慈爱的父亲——狮子鱼

狮子鱼生长在北海和巴伦支海的海域。它们的体长有 50 厘米，其外貌也并非慈眉善目，而名称也似乎给人以弱肉强食的凶残印象。可谁曾料想，雄性狮子鱼竟有一颗慈父心和呵护儿女的技艺。

自打雌性狮子鱼在退潮海水的边沿产卵之后，雄性狮子鱼就及时承担了父亲的责任和义务。除了要保护鱼卵免受凶猛动物的伤害外，还要在退潮时，口中含水喷吐到鱼卵上，以保持孵化所必需的湿润。偶尔，它们还使出用鱼尾拍击海水使溅起的水花喷洒鱼卵的绝招。鱼卵孵化出幼鱼

拓展阅读

吸 盘

动物的吸附器官，一般呈圆形、中间凹陷的盘状。吸盘有吸附、摄食和运动等功能。蚂蟥前端的口部周围和后端各有一个吸盘。吸盘可以有很多种：一种利用内外大气压力的差别，吸附在物体上的某种挂件，或者是抓取物体的某种工具；另一种是磁力吸盘，专门用于对铁磁性物质的吸附和固定，大多数应用在机械加工等领域。

后，它们的慈父爱心并未减退，仍然一如既往地陪伴、护卫在幼鱼群的左右。遇到险情，长着吸盘的幼鱼就向鱼爸爸游去，不一会儿工夫，鱼爸爸的周身就被吸附它身体的幼鱼密密麻麻地簇拥起来。看上去，它们父子间也不知道究竟是谁护卫谁了。慈父就这样满载着吸附周身的幼鱼，游向深海中的安全地带。

毒你没商量——危险的海洋动物

种类繁多的海洋动物，纵有千种风情，万般姿态，并非对人都无危险；纵有千种风味，万种营养，也并非都是无害的美味佳肴。估计每年约有4～5万人不幸被海洋动物伤害，还有2万多人因吃有毒的鱼、贝类而中毒，其中死亡者有近300人。因此，人们对这些危险的海洋动物应该有所了解。

◎ 杀人的水母刺胞

凶器：腔肠动物水母种类甚多，有上万种。它们体表都有一种特殊的细胞叫刺细胞。刺细胞里除细胞核等结构外，还有一种小小的囊状结构，叫刺胞。刺胞的形状有圆的、椭圆的，或像棒形香蕉等，一般长只有5～50微米，和人的红细胞大小差不多，最大的也只有1.2毫米长，囊里包着毒素。

攻击方式：刺细胞向外的一端都有一根刺柄，犹如捕鱼叉的扳机，一受到触动，立即击发，将刺丝突然从囊内射出来，直刺受害者。虽然刺丝很细，穿刺力却很大，其冲力能达30千帕斯卡，所以能穿入人的真皮。

补救措施：若万一不慎被蜇，应尽快用酒精、10%福尔马林、稀释的氨水溶液或用糖、盐、橄榄油或干沙敷在受伤处的表面，或用干布用力擦拭干净，防止刺胞继续伤人，或在45℃热水中浸泡30～90分钟，切忌用清水或湿沙擦洗。

◎ 吓人大于伤人的毒棘

代表毒族：海胆、海星、颊纹鼻鱼。

海胆的危险武器两种类型：一是针状的毒棘，二是叉棘。大多数危险海

胆必具备其一或二者皆备。海胆全身长满了棘，但各种海胆间又有很大差别。多数海胆的棘是硬的，棘端圆而钝，没有毒腺。但有些海胆的棘细长而尖锐且是中空，如刺冠海胆的棘可长达 30 厘米。这种棘很容易断，刺伤皮肤断在其内，难往外取，抓取这种海胆是很危险的。

被刺后伤口异常疼痛，除因断下的棘留在皮肤内引起剧痛外，棘内的紫色毒液会注入皮肤，引起被刺部位皮肤红肿，较重者还会引起恶心、呕吐和腹泻，甚至失去知觉，呼吸困难，个别人还会死亡。所以在采集海胆时务必小心，一定要戴上厚厚的手套，防止被刺伤。

在棘皮动物中，有些海星能分泌带毒素的黏液，体面上覆有很多毒棘，被海星刺伤，会引起皮炎，且疼痛难忍。用猫做实验，被刺后几分钟就失去运动能力，两小时后痉挛而死。

体长 15 ~ 60 厘米的颊纹鼻鱼，生活在珊瑚礁中，用前端的小口吃着海藻的叶子，漂亮而温驯。但它的尾部两侧各有 1 枚矛状的棘，是由两片鳞演变而成，平时收拢在沟里，受到惊扰会竖起来，棘的后端固定在沟内，尖锐锋利的内缘就朝向前方。它像剃须刀一样锋利，常给敌人造成严重伤害。颊纹鼻鱼可能用这个棘刺杀死其他鱼，但它是草食性的，所以棘更可能只是摆摆样子，做做姿态，起威慑作用。许多颊纹鼻鱼棘的周围还有显眼的颜色，标志出棘的轮廓。所以尾巴警告似的一摆，颜色一闪，棘一竖，就能吓跑来犯者。

◎ 剧毒的赤魟尾刺

凡见过赤魟的人都知道，在它鞭状的长尾基部，斜竖着一根刺棘，长度可达 4 ~ 30 厘米。这是一根毒棘，坚硬如铁，能像箭一样刺穿铠甲，若刺在树根上，能使树枯萎，若人不慎踩着赤魟时，它立即举起尾部将毒棘刺入人体。棘的后部连着毒腺，毒腺里的白色毒液就沿着棘的沟注入伤口，使人疼痛难熬，甚至晕倒在地，

剧毒的赤魟

数分钟不省人事，有的人会因剧烈地痉挛而死。由于棘的两侧有锯齿状倒钩，造成的伤口特别大，可长达 15 厘米，约 14% 的受害者必须手术治疗，剧痛可长达 6~48 小时，并会出现虚弱无力、恶心和不安等症状。在美国每年约有 1800 个遭赤魟刺伤的事例，死亡率估计为 1%。即使受难者侥幸生存下来，也如患了一场大病，很久才能下地走路。

◎ 毒性如蝎的鬼鲉

鲉科鱼类约 300 多种，有 80 种是能对人造成伤害的。鬼鲉是珊瑚礁鱼类及鲉科鱼类中最漂亮的一种，长约 20 厘米，由于它常展开巨大的扇形胸鳍和镶嵌着美丽花边的背鳍慢慢地游动，形状如伸展羽毛的火鸡，国外也称它火鸡鱼。鬼鲉的有毒器官是鳍棘。鬼鲉的毒棘短而粗，棘上端 1/3 明显变粗，这里就是毒腺。鬼鲉的毒剧如蝎，俗称海蝎子。它虽然形象丑陋，面目可憎，但颜色鲜艳，且能随环境而改变，这是它对环境的适应，又是一种伪装。鬼鲉栖于潮间带至 90 米深的浅水海湾或近岸处，不大活泼，经常潜伏于岩石缝隙、珊瑚礁、海藻丛中时，看上去就像是一块岩石或一簇杂藻，不大引人注意。只有当人们无意中摸着或踩着它而被刺伤后才会发现它。若把它从水里取出来，它立即把背鳍棘高高竖起，张开带棘的鳃盖，展开胸鳍、腹鳍和臀鳍，样子吓人，不过胸鳍棘无毒。鬼鲉的毒性剧烈，人被刺伤后，会引起晕厥、发烧、神经错乱、吐胆汁，厉害的还能引起心脏衰竭、血压降低、呼吸抑制，在 3~24 小时内甚至会引起死亡。鲉科鱼类的毒素多是一些对热很敏感的蛋白质形成的，很容易在高温条件下被破坏。所以被刺后一个简便易行的急救办法是尽快将伤口处放在 45℃ 以上热水中浸泡 30~90 分钟，可以缓解疼痛，然后再尽快就医或做其他处理。

◎ 能咬死人的章鱼

澳大利亚这种有蓝色环状斑点的章鱼，对人危害最大。一只这种章鱼的毒液，足以使 10 个人丧生，严重者被咬后几分钟就毙命，而且目前还无有效的药物来预防它。章鱼的毒液能阻止血凝，使伤口大量出血，且感觉刺痛，最后全身发烧，呼吸困难，重者致死，轻者也需治疗三四周才能恢复健康。

千奇百怪说昆虫

　　动物的吸附器官，一般呈圆形、中间凹陷的盘状。吸盘有吸附、摄食和运动等功能。蚂蟥前端的口部周围和后端各有一个吸盘。吸盘可以有很多种：一种利用内外大气压力的差别，吸附在物体上的某种挂件，或者是抓取物体的某种工具；另一种是磁力吸盘，专门用于对铁磁性物质的吸附和固定，大多数应用在机械加工等领域。

萤火虫的趣闻逸事

"囊萤夜读"的故事已载入教科书中，可以说是脍炙人口。说的是1700年前，有位叫作车胤的穷孩子，读书很刻苦，就连晚上的时间也不肯白白放过，可是又买不起点灯照明的油，便捉来一些萤火虫，装在能透光的纱布袋中，用来照明读书。有一天，大风大雨，没有办法捉到萤火虫，车胤在家长叹："老天不让我达到完成学习的目的啊!"一会儿，飞来一只特别大的萤火虫，停在窗子上，照着他读书，读完了，它就飞走了。后来车胤成为有名的学者。通过这个小故事也可以看到萤火虫的一些实用价值。

我国古书《古今秘苑》中有这样的记载："取羊膀胱吹胀晒干，入萤百余枚，系于罾足网底，群鱼不拘大小，各奔其光，聚而不动，捕之必多。"

传说隋炀帝游山时，用斛（古代量粮食的工具）装集萤火虫。到了夜晚，在酒酣兴浓时，开笼放萤，霎时光照山谷，似万盏灯火，经久不熄，用以取乐。

萤火虫为人所利用在国外也有记载：非洲有种萤火虫，个体大，发的光也亮，当地人捉来装入小笼，再把小笼固定在脚上，走夜路时可以照明；古代墨西哥海湾海盗很多，航海人不敢点灯，就用萤火虫代替；英国人用玻璃瓶装上许多萤火虫沉到海里引诱鱼来，可以捕到很多鱼；西班牙的妇女用薄纱包住萤火虫戴在头上，闪闪发光。

在南美洲的热带地区有种巨萤，体长达50毫米，它发出的光像一颗大钻石那样闪烁耀眼。17

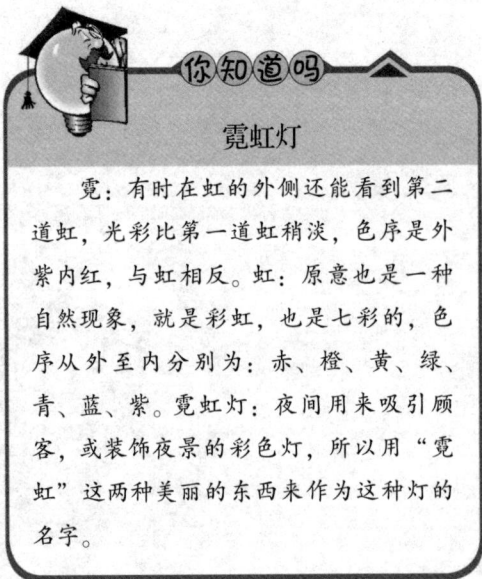

你知道吗

霓虹灯

霓：有时在虹的外侧还能看到第二道虹，光彩比第一道虹稍淡，色序是外紫内红，与虹相反。虹：原意也是一种自然现象，就是彩虹，也是七彩的，色序从外至内分别为：赤、橙、黄、绿、青、蓝、紫。霓虹灯：夜间用来吸引顾客，或装饰夜景的彩色灯，所以用"霓虹"这两种美丽的东西来作为这种灯的名字。

世纪的西班牙军队，曾用这种巨萤伪装了夜战部队，用以欺骗敌军；当敌军在西印度群岛登陆偷袭时，发现林中由巨萤发出的无数的"火光"，以为是西班牙军队大炮上的火绳，便急忙乘船逃走。

无独有偶，我国台湾的萤火虫，种类多，体形也大，有些种类夜晚放出的光像霓虹灯一般。20世纪初，日本侵占台湾。有一天晚上日本侵略者看到远处有很多"灯火"，以为当地居民起来造反，便连忙开炮，打了半天，竟无一点回响，后来才知道，"灯火"实为萤火虫，这件事被人们传为笑话。

萤火虫不但是人们熟悉而又喜爱的昆虫，文人墨客也不会忘记对它的称颂。"银烛秋光冷画屏，轻罗小扇扑流萤"（杜牧《秋夕》），这是唐诗中的绝妙佳句，早已脍炙人口。萤火虫幼虫常在腐草堆中觅食小虫，故有"腐草为萤"之误。李商隐《隋宫》中，也有"于今腐草无萤火，终古垂杨有暮鸦"之句。萤具有昼伏夜出的习性，所以有"夕殿萤飞思悄然，孤灯挑尽未成眠"（白居易《长恨歌》）的诗句，写的是唐明皇夜不成寐思念杨玉环的情景。

大自然的清道夫

昆虫不但种类繁多，而且食性多样，其中腐食性昆虫占昆虫总种数的17.3%。由此可见腐食性昆虫也是一个了不起的庞大类群，它们以生物的尸体和粪便为食，有的将尸体埋入土中，成为地球上最大的"清洁工"。而且由于它们的活动，加速了微生物对生物残骸的分解，在大自然的能量循环中起着十分重要的作用。蜣螂就是它们中的杰出代表。很难想象，在地球上若没有这些"清洁工"，世界会变成什么样子？

当你漫步在乡间小道或到牧区游览时，常可发现滚动着的粪球。仔细瞧瞧，原来是两只昆虫在搬运"宝贝"——它们充饥的"粮食"。它们的行为十分奇特，一只在前头拉，一只在后面推，这一拉一推，粪球就向前方慢慢滚动。原来这是一对夫妻，通常雌虫在前，雄虫在后，配合默契，十分有趣。这种灵巧滑稽的小昆虫，就是通常所说的蜣螂或屎壳郎，也有称它为粪金龟或牛屎龟的。

　　蜣螂体黑色或黑褐色，属大中型昆虫。前足为开掘足，后足靠近腹部末端，距离中足较远，后足胫节有一个端距。触角鳃叶状，锤状部多毛，小盾片看不见，鞘翅将腹部气门完全盖住。蜣螂夜间出行，但推粪球的工作是在白天进行的。我国古书《尔雅翼》（宋代罗愿）中曾记载："蜣螂转丸，一前行以后足曳之，一自后而推致之，乃坎地纳九，不数日有小蜣螂自其中出。"从这几句话的记载可以看出蜣螂推粪球的目的。蟑螂能把大堆的牛粪做成小圆球，然后一个个推向预先挖掘好的洞穴中贮藏，慢慢享用。因为圆形在地面滚动时省力，运回巢穴比较容易。雌蜣螂把卵产在粪球里，卵孵化后，出世的小蜣螂立刻就可以得到食物吃。这是蜣螂对它的子女母爱的表现。它宁愿自己付出辛劳，使子女出世后不必再东奔西跑为找食而辛苦。然而在蜣螂的同类中，也隐藏着一些懒汉和无赖，它们不好好劳动，常常伺机在半路上去抢夺滚动着的粪球，妄图占为己有，双方为此展开一场搏斗。若是"强盗"获胜，不但掠走粪球，连别人的"妻子"也一起掳走，这些无赖实在可恶！蜣螂的这种推粪的习性使它成为大自然勤劳的清道夫。

基本小知识

鞘　翅

　　鞘翅亦称翅鞘，甲虫类的前翅全部变硬，角质化，与其说是用于飞翔，不如说是用于保护。在静止时后翅重复折叠，前翅在上面覆盖着，这种前翅称为鞘翅。飞翔时鞘翅不振动，借助于紧张的收缩和胸侧内突的助力，被固定在从水平线扩展到30°~45°，专靠后翅的力量飞翔。

　　蜣螂是益虫，为造福人类做出了贡献。澳大利亚是世界养牛王国，由此而造成大量牛粪堆积如山，既毁坏了大批草地，又滋生了大量带菌的苍蝇，传染疾病，造成灾难。而澳大利亚本地的蜣螂只会清除袋鼠的粪便。为此澳政府派出专家到世界各国去寻觅能除牛粪的蜣螂。1979年，一位昆虫学家来到中国求助，在我国引去了中国特有品种——神农蜣螂。此虫一到澳大利亚，立即投入战斗，在清除牛粪中大显身手，战果辉煌，一举成功，为当地人民做出了贡献。

可爱的气象哨兵

你听说过昆虫中有能对气候的变化进行预报的气象哨兵吗？我国古代的一些诗书可以为证。殷代甲骨文的"夏"字，就是一个以蝉的形象为依据的象形字。可见人们早就把蝉和夏季联系在一起，蝉开始鸣叫就是表示天气要变热了。我们的祖先在农历中把全年分为 24 个节气，其中"惊蛰"是在农历二月间。古人经过对昆虫的长期观测，知道到了"惊蛰"这个时候，一切越冬昆虫就要苏醒，开始活动了。可见用昆虫预报天气要比气象台预报天气的历史早得多。

我们的祖先把昆虫的活动与季节和月份联系起来，从而总结出以候虫计时的规律，记入书籍中。如《诗经·七月》中有："五月斯螽动股，六月莎鸡振羽，七月在野，八月在宇，九月在户，十月蟋蟀入我床下。"意思是：五月螽斯开始用腿行走；六月"莎鸡"（纺织娘）的两翅摩擦发出鸣声，同时也可飞行；八月到了住户的屋檐之下；九月即进到屋里了；十月蟋蟀就得钻到热炕下了。

你知道吗

甲骨文

甲骨文是中国已发现的古代文字中时代最早、体系较为完整的文字。甲骨文主要指殷墟甲骨文，又称为"殷墟文字"、"殷契"，是殷商时代刻在龟甲兽骨上的文字。19世纪末年，在殷代都城遗址（今河南安阳小屯）被发现。甲骨文继承了陶文的造字方法，是中国商代后期（前14世纪—前11世纪）王室用于占卜记事而刻（或写）在龟甲和兽骨上的文字。

在日常的生活中，我们可以根据某些昆虫的活动情况或鸣声，来预测短期内的天气变化及时令。例如，众多蜻蜓低飞捕食，预示几小时后将有大雨或暴雨降临。其原因是降雨之前气压低，一些小虫子飞得比较低，蜻蜓为了能够捕食到小虫，飞得也低。蚂蚁对气候的变化也特别敏感，它们能预感到未来几天内的天气变化。据说气象部门根据各种不同

蚂蚁的活动情况，将天气分为几种不同类型，用来预测未来几日内的天气情况。晴天型：小黑蚂蚁外出觅食，巢门不封口，预示24小时之内天气良好。阴天型：（4～6月份）各种蚂蚁下午5时仍不回巢，黄蚂蚁含土筑坝，围着巢门口，估计四五天后有连续四天以上阴雨。冷空气型：出现大黑蚂蚁筑坝、迁居、封巢等现象；小黑蚂蚁连续四天筑坝，预示未来将有一次冷空气到来。大雨、暴雨型：（4～9月份）出现大黑蚂蚁间断性筑坝3天以上，并有爬树、爬竹现象；黄蚂蚁含土筑坝，气象预报有升温、升湿、降压等现象，未来48小时有一次大雨或暴雨。干旱型：大黑蚂蚁从树上搬迁到阴湿地方，并将未孵化的卵一起搬走，预示未来有较长时间干旱。当然，用蚂蚁预测天气，仍需参考当地气象资料，才能达到准确程度。

沙漠蚂蚁的"导航仪"

拓展阅读

色谱分析

色谱法又称"色谱分析"、"色谱分析法"、"层析法"，是一种分离和分析方法，在分析化学、有机化学、生物化学等领域有着非常广泛的应用。色谱法利用不同物质在不同相态的选择性分配，以固定相对流动相中的混合物进行洗脱，混合物中不同的物质会以不同的速度沿固定相移动，最终达到分离的效果。

众所周知，人在沙漠中迷路之后，就会不停转圈。科学家不禁问道：在没有任何路标导航的情况下，沙漠里的蚂蚁是如何找到回家的方向的？一项新的研究显示，沙漠蚂蚁能够将当地的气味和视觉线索输入导航系统，从而找到回家的路。

在此之前，科学家一直认为，生活在突尼斯贫瘠盐地上的沙漠蚂蚁（长脚沙漠蚂蚁）是单纯通过视觉进行导航的昆虫。但是，德国化学生态研究中心通过气相色谱分析法证实，沙漠蚂蚁栖息地中存在独特的气味特征，能帮助蚂蚁返回洞穴。

研究人员分辨出这些特征中的几种气味，并训练有陆地生活经验的蚂蚁

识别这些气味——这些气味可以指引它们找到隐藏的巢穴入口。蚂蚁们能够将洞穴入口与某种气味联系起来，并且将这一气味与其他气味区分开来。它们甚至可以从4种混合的气味中分辨出那种独特的气味。相比几种混合的气味，单一的气味似乎更利于蚂蚁找到回家的路。

通常鸽子都是利用环境中的某种气味作为自己导航的路标，而大多数蚂蚁都是通过自身分泌的信息素来为自己导航。然而对于这种蚂蚁来说，它们经常要到100米以外去觅食，那里的高温和不断变化的食物地点通常使它们自身的气味弱化，不能发挥效用。这可能就是它们为什么要依赖在洞穴附近获取固定气味的原因。

蚂蚁也有阴暗自私的一面

千奇百怪说昆虫

通常蚂蚁都被认为是一种富有群居协作精神的"楷模"，但是英国研究人员的研究表明，它们像人类一样有着自私、欺骗的阴暗一面。

人们经常认为蚂蚁它们在一起为了群体的利益而辛勤工作，没有自己的私欲。但是由英国科学家领导的一个研究小组发现，一些蚂蚁在这个群体系统里会采用欺骗手段，确保自己的后代更有可能成为蚁后，而不是没有生殖能力的雌性工蚁。研究人员使用DNA"指纹识别"技术对5个切叶蚁巢进行分析。他们发现某些雄蚁的后代更有可能会成为蚁后，因为它们有特殊的"王室"基因。但是由于"王室"基因血统在每个蚁巢中非常罕见，科学家称这些蚂蚁的行为鬼鬼祟祟故意避免不被发现。

负责这项研究的英国利兹大学比尔·休斯博士说："一般

趣味点击 指纹识别

指纹识别即指通过比较不同指纹的细节特征点来进行鉴别。由于每个人的指纹不同，就是同一人的十指之间，指纹也有明显区别，因此指纹可用于身份鉴定。其实，我国古代早就利用指纹（手印）来签押。

理论认为蚁后发育有着单独的营养补给，某些幼虫有确定的食物哺养以促进它们能够发育成为蚁后，而且所有的幼虫都将有这样的机会。但是我们对5个切叶蚁巢采用DNA'指纹识别'发现某些雄性蚂蚁的后代却更有可能会成为蚁后。"

休斯指出，拥有"王室"基因的蚂蚁将给予自己的后代不公平的优势以确保其能够成为蚁后，并欺骗了其他许多没有私心的"姐妹们"。目前研究人员尚不清楚雄蚂蚁是如何将"王室"基因遗传给后代的，但是他们认为雄蚂蚁会故意限制这种基因。如果出现太多的"王室"基因幼虫，这种不平衡会很容易被工蚁发现。休斯博士与协助这项研究的哥本哈根大学雅各布斯·布姆萨马教授指出，这些"王室"基因蚂蚁知道如何避免被探测到。

休斯说："如果在一个蚁巢中有太多能够发育成为蚁后的王室基因幼虫，便会引起其他蚂蚁的注意，从而对它们的做法进行抵制。因此我认为那些拥有'王室'基因的雄蚂蚁会以某种方法将自己的后代转移到其他的蚁巢以避免被探测到。这种罕见的'王室'基因血统的确是一种进化策略，这些蚂蚁具有欺骗手段不让其他蚂蚁知道自己的'王室'基因，并摆脱无私心蚂蚁的压制。"

你知道吗

蚁　后

蚁后是有受精和生殖能力的雌性，或称母蚁，在群体中体型最大，为工蚁的3~4倍，特别是腹部大，生殖器官发达，触角短，胸足小，有翅、脱翅或无翅。主要职责是产卵、繁殖后代和统管这个群体大家庭。

休斯说："当我们研究蚂蚁和蜜蜂等群居昆虫时，首先会发现它们的群体协作特征。然而，当进行深入研究时，便发现它们之间存在着斗争和欺骗，就如同人类社会一样。本来我们认为这项研究可能是一个例外，但是我们的遗传基因分析显示蚂蚁群体中普遍存在着自私和欺骗。"

蜜蜂对付敌人有高招：将对方活活挤死

据国外媒体报道，研究人员发现，蜜蜂对付不速之客有高招，它们通过将对方团团包围的方法，使其窒息而死。

一只霸道的大黄蜂飞到塞浦路斯蜜蜂窝，想找点美味，不料却发现自己被包围在黑黄色的工蜂中间。这些工蜂紧紧地包围着大黄蜂用来呼吸的腹部，直到让这个入侵者窒息而死。大黄蜂窒息而亡的平均时间为 57.8 分钟。这一发现意味着，蜜蜂对付敌人的方法有三：蜇敌人，这是一种危险之道，因为这意味着蜜蜂的生命也将终结；升高其他生物的体温；让对方窒息而死。法国国家科学研究中心的格拉德·阿诺德说："我们首次详述了蜜蜂令人惊异的自卫战略，也就是窒息法——塞浦路斯蜜蜂包围大黄蜂直至其窒息而死。这种做法让我们惊讶。"

阿诺德和他的同事表示，他们想要弄清楚塞浦路斯蜜蜂杀死它们的大敌东方黄蜂的方式。我们早已知道亚洲蜂会用升高对方体温的方法对付黄蜂，一群蜜蜂"覆盖"在那只倒霉的昆虫身上，让它的体温升高致死。但是，这一次，塞浦路斯蜂围聚着掠夺它们的食物和幼虫的"敌人"大黄蜂身上却没有通过升高其体温"杀死"它。

基本小知识

外骨骼

外骨骼是一种能够提供对生物柔软内部器官进行构型、建筑和保护的坚硬的外部结构，虾是典型的外骨骼生物。经过不懈研究，科学家已研制出很多性能卓越的外骨骼，帮助有需要的人更有效地打理他们的日常生活和工作。

希腊塞萨洛尼基的亚里士多德大学帕帕克里斯托弗洛和同事们拍摄了蜜蜂杀死黄蜂的录像。他们注意到，蜜蜂紧压着黄蜂的腹部，因此他们做了一项实验，想要看看蜜蜂是否可让黄蜂窒息而亡。昆虫是通过外骨骼上的小孔呼吸，叫作通气孔，通气孔被背甲盖着。研究人员通过小钳子，使用两个塑

料片把黄蜂背甲撬开。研究人员写道："与没有安装塑料片相比，安装塑料片后，蜜蜂杀死黄蜂的时间更长了一些。为了杀死耐高温的黄蜂，塞浦路斯蜂开发了有别于体温升高的另一种策略，它们似乎已经识别了黄蜂的这一致命弱点。"

昆虫用植物当"电话"警告同类

昆虫们会利用植物充当"电话"，通过释放独特的化学警告信号，了解它们所吃的植物是否已经被地下的其他同类所占领。这种绿色的"电话"有效避免了昆虫们竞相吞噬同一株植物。

当地下的昆虫寄宿在一棵植物下时，它便会开始蚕食植物的根。同时为了警告食叶性昆虫"此处已被占领"，地下的昆虫会通过植物叶片发出一种化学警报信号，这样一来，食叶性昆虫就会得知这棵植物已被占据。最新研究表明，如果地上昆虫吞食了寄居有地下昆虫的植物，那么它们的发育就会非常缓慢，反之亦然。所以说，这种"绿色电话线"使昆虫们能够保持不对同一植物进行无意识的竞争。

地下昆虫不但能够通过植物这种"绿色电话线"与其他的昆虫发生联系，还能通过此生物"电话"和第三方取得联系，比如如果遇到毛虫，它们便求助于毛虫的天敌——寄生蜂。如果毛虫不让步，地下昆虫就会发出化学信号求救寄生蜂，让寄生蜂来制伏毛虫。到了这一步，毛虫的命运就惨了。由叶子发出的化学信号告诉寄生蜂有哪些植物被占领了，于是寄生蜂就将它们的卵产到吃这些植物的地上昆虫体内，因此这些毛虫会机灵地寻找并接触未被地下食根昆虫占据的植物。

研究人员表示，昆虫接触过一些物质后常留下一种特殊气味，借以告知同种别的同性个体，排斥它们进入该处，保持其领域不受同类中同性个体的侵犯，使它们不在该处栖息。面对害虫，如果人们能够破解并利用这些气味上的"密码"，直接切断害虫与资源的联系，就能使资源免于受害。昆虫寄主标记信息素是由昆虫产生的用来标记寄主上有同种个体存在的化学物质，它的主要生态学功能是调节昆虫的产卵行为，通过阻止自身或同种其他个体对

已标记寄主的产卵选择，或减少产卵量来减少后代之间对寄主资源的竞争。但是，寄主标记信息素也会给释放者带来不利的影响，如信息盗用和盗寄生现象等。

知识小链接

寄 主

寄生即两种生物在一起生活，一方受益，另一方受害，后者给前者提供营养物质和居住场所，这种生物的关系称为寄生，其中受害的一方就叫寄主，也称为宿主。

黄翅飞蝗泥蜂捕食

昆虫纲膜翅目有一群属于泥蜂科的蜂类昆虫，它们腹部第一节为修长的腹柄，所以又被称为细腰蜂。泥蜂在分类上归于捕猎性的掘地膜翅目昆虫，窠巢建在泥穴中。成虫自身吸食花蜜为生，幼虫则以其他昆虫为食。泥蜂妈妈在育儿期间从事捕猎营生，为自己的幼儿准备野味时极尽其能，机巧纷呈。

黄翅飞蝗泥蜂以直翅目昆虫飞蝗为猎物，而在缺少飞蝗的地区，它们很乐意狩猎更为肥嫩美味的同为直翅目昆虫的蟋蟀，作为幼虫的肉食，整个 8 月，它们兴高采烈地在火辣辣的阳光下飞

广角镜

直翅目

直翅目是动物界、节肢动物门、有颚亚门、六足总纲、昆虫纲、有翅亚纲的一目。本目动物多为中、大型体较壮实的昆虫，前翅为覆翅，后翅扇状折叠，后足多发达善跳，包括蝗虫、螽斯、蟋蟀、蝼蛄等，广泛分布于世界各地，热带地区种类多。全世界已知 18000 余种，分隶 64 科 3500 属。中国已知 800 余种，分隶 28 科。

来飞去。强壮的罗兰蓟在骄阳下昂首挺立着，飞蝗泥蜂们在这些带刺茎的枝梢贪婪地吸食着蜜汁和花粉。

但这种无忧无虑的生活相当短暂，一到9月，它们就要从事挖掘和狩猎的任务了。飞蝗泥蜂把窝建在道路两侧的边坡上，其好处是易于挖掘沙土和有充足的阳光。它挖了一个地道，门口是水平的门厅。天气不好时它就躲在门厅里，夜间也在此藏身。白天有时在此小憩，从洞口露出它那富有表情的脸孔和无所忌惮的大眼睛。过了门厅便是一个转弯，缓缓往下延伸，其尽头是一个椭圆形的蜂房，靠一个仅够狩猎者带着猎物通过的入口与过道相通。地洞挖好后，飞蝗泥蜂就开始捕猎。在第一个蜂房备好食物并产下1枚卵后，便封住了蜂房的入口，但并不抛弃这个窝。它在第一个蜂房旁挖了第二个，同样地存放食物，产卵，封口；再挖第三个，有时还有第四个。至此，飞蝗泥蜂才把所有堆在门口的泥屑搬回洞里，把门外的痕迹全部消除掉。解剖检验得知，这种泥蜂产卵总数有30枚，这样它就需要建10个蜂窝；筑窝工程都在9月份完成，每个蜂窝可用的时间平均只有3天，可以说是分秒必争，十分辛苦。

趣味点击　　蜂　房

蜂房，包括蜜蜂的蜂房和胡蜂的蜂房，后者又称为露蜂房。蜜蜂是杰出的"建筑师"和"工程队"。它们用蜂蜡做原料，仅仅7昼夜的时间，就能建造数千间住宅，而且每间的底边三个平面的锐角都是70°32′，体积几乎都是0.25立方厘米，其灵巧和精确令人惊叹。蜜蜂巢的这种结构早已为仿生学家所重视，并已经制造出了工程蜂窝结构材料。这种材料重量轻，强度和刚度大，隔热和隔音性能好，现已被广泛地用在飞机、火箭和建筑结构上。

一只嗡嗡叫的飞蝗泥蜂狩猎归来了，它停在离家一沟之隔的灌木丛上，大颚叼着一只胖乎乎的、比它重了几倍的蟋蟀的触须。休息了一小会儿，它用腿脚抱持着俘虏，用力一跃飞过窝门前的沟壑，沉重地落在那个正在观察的实验昆虫学家的面前。虽然那人依然在观望着它，但这膜翅目昆虫却根本不把他放在眼里，只管骑跨在猎物身上，叼住对方的触须昂首迈步向洞口前进。到达蜂窝门口时泥蜂放下猎物，自己迅速下到洞底。几秒钟后它

又从洞中伸出头愉快地发出一声喊叫，一把抓住蟋蟀的触须，猎物便很快地落到了巢穴深处。

蟋蟀的捕猎者在把猎物运进窝之前，为什么要先把住所检查一番呢？据研究，这是昆虫的某种自卫性行为，源自对寄生性生物入侵的警惕。既然黄翅飞蝗泥蜂认为事先有必要下到窝里检查一下，那么肯定有某种危险在威胁着它。昆虫的本能有着千百种表现形式，此刻，人类的理智尚不能了解黄翅飞蝗泥蜂的这种智慧。

黄翅飞蝗泥蜂不无传奇色彩的育雏任务至此告一段落。对于它们的重要武器——螫针的功能和作用还要再说几句。位于尾端的螫针连着一个毒液贮囊，毒囊出来一根细管深入到螫针的轴线中心，毒液从而可沿此到达螫针末梢开口处。相对于飞蝗泥蜂的身材，尤其是它螫刺蟋蟀所产生的效果来看，螫针显得如此纤细，有点出人意料。针尖非常光滑，完全不像蜜蜂的螫针有个倒钩。其重要意义在于：蜜蜂使用螫针主要是为了对它所受到的无理羁绊和侮辱进行报复，为此甚至不惜付出自己的生命。因为螫针的倒钩会钩住螫入处而不能拔出，结果使自身腹腔的末端被拉出一条致命的裂缝，甚至连同螫针一起留在了敌人的伤口里，如果飞蝗泥蜂在第一次出征时它的武器就要了它的命，那么，它还要这样的武器做什么？它使用武器的目的很实际、很功利、也很神圣，是为了猎取幼虫的食粮。对于黄翅飞蝗泥蜂而言，螫针不是一个炫耀力量、保卫尊严、快意恩仇的手段。为了复仇而拔出短剑，固然是快意不过的。但快意的代价太过昂贵，蜜蜂常常要为此而付出自己的性命。泥蜂的螫针是一个工具，它决定着幼虫的未来，也关系到种族的绵延，所以在跟猎物搏斗时应当是得心应手的，既能疾速地刺入对手体内，又能麻利地抽出以应对再次击刺之需。显然，锐利而平滑的刀刃比之有倒钩者更符合要求，也许正因为如此，那些螫针只用于狩猎的膜翅目昆虫们性情十分平和，仿佛它们意识到自己毒囊里的毒液对它们的子女所具有的重要性，这毒液是绵延种族的佑护者，是为子女们谋生的工具，它们只在狩猎这样庄严的场合才十分节约地花费，而绝不奢侈地用作炫耀自己敢于报复的勇气。因此每当人们置身于各种黄翅飞蝗泥蜂部落之中，破坏它们的窝巢，抢走它们的幼虫和食物时，从没遭到过它们主动的攻击螫刺。

昆虫寻花的本领

　　花的颜色是引导昆虫寻花的标志。蜜蜂通过视觉可以在五彩缤纷的大草原中，选择它中意的那些花。蜜蜂的视觉只能辨别 4 种颜色，它们只能看见黄色、蓝绿色、蓝色和人看不见的紫外线，凡是能显出以上颜色的花，都是蜜蜂采集的对象。那么，红花怎么办呢？蝴蝶是唯一能辨别红色的昆虫，红花是蝴蝶拜访的对象。还有一些高大植物所盛开的鲜红色的花，就必须靠鸟类来传粉了。

　　各类昆虫中，蜜蜂无疑是为植物传粉受精的"主力军"，但蜜蜂只能辨别 4 种颜色，它是否能胜任呢？其实蜜蜂也拜访白花、红花。在人类看起来是白色、红色的花，其实是由多种颜色混合而成的。比如一种人类看起来是红色的罂粟花，它除了红色外，还含有人类看不见的紫外线，蜜蜂虽看不见红色，但它却能辨别紫外线。白色花实际上是由多种颜色混合之后，反映到人们视觉中为白色，而且白花几乎都能吸收紫外线，同时反射出黄色和蓝色，因此，看起来是白色的花，蜜蜂看起来可能是蓝绿色。这样蜜蜂寻花的范围就扩大了很多。

　　仅仅从颜色来寻花不能保证蜜蜂不犯错误，蜜蜂还必须根据花的形状和气味来辨别各种植物的花朵。帮助蜜蜂判断花的形状和气味的是触觉器官和嗅觉器官，这些器官都长在蜜蜂的触角上。花朵的颜色在很远的

你知道吗

紫外线

　　紫外线是电磁波谱中波长从 10～400 纳米辐射的总称，不能引起人们的视觉。1801 年德国物理学家里特发现在日光光谱的紫端外侧一段能够使含有溴化银的照相底片感光，因而发现了紫外线的存在。紫外线根据波长分为：近紫外线 UVA，远紫外线 UVB 和超短紫外线 UVC。紫外线对人体皮肤的渗透程度是不同的。紫外线的波长愈短，对人类皮肤危害越大。短波紫外线可穿过真皮，中波则可进入真皮。

地方就吸引着蜜蜂，飞到较近的距离时，蜜蜂就根据气味来做最后的挑选，好从相似的颜色中认出自己需要的花来。蜜蜂的嗅觉器官和触觉器官都长在它能活动的触角上，所以触角所到之处，在嗅到气味的同时，也触及了被嗅到的花的外形，"测量"到了花的"尺寸"。气味和形状对了，就不会认错花了。

昆虫寻花还要靠它们的味觉器官，即通过口腔中的味觉器官，判别花蜜的滋味，合口味的便是所要寻找的花朵。有趣的是，并不是所有的昆虫的味觉器官都生在口腔里。苍蝇是用腿的尖端来感觉味道，蝴蝶是用脚的尖端来试味。

昆虫寻花的本领可用色、形、味、香四个字来概括，经过对花的颜色、形状、气味、滋味一系列的判别，才能从万花丛中找到自己所需要的花。

食鸟蛛的天罗地网

千奇百怪说昆虫

食鸟蛛是热带一种巨型蜘蛛，它的"巨型"，其一在它的身体，通常体长5厘米，有的甚至可达9厘米；其二在于它的胃口大，可以食鸟。蜘蛛是靠蜘蛛网来捕食的，食鸟蛛能吃到小鸟，它的网就非同一般了。

食鸟蛛在树林的树枝之间结网，这种蜘蛛网很结实，可以承受300克的重量。食鸟蛛在林子里布下天罗地网，不光是小鸟，就连小青蛙也落网难逃。食鸟蛛分泌毒液，将落入罗网的小动物毒死，然后慢慢享用。因为食鸟蛛的网大而且结实，一些小昆虫如小蜥蜴也不免落入罗网，这时，食鸟蛛的胃口大开，对所有入网的猎物来者不拒，统统吃掉。

食鸟蛛多半是夜间出来活动，白天总是躲在洞穴或树根之间。现在这种食鸟蛛已不仅仅在热带森林生活，

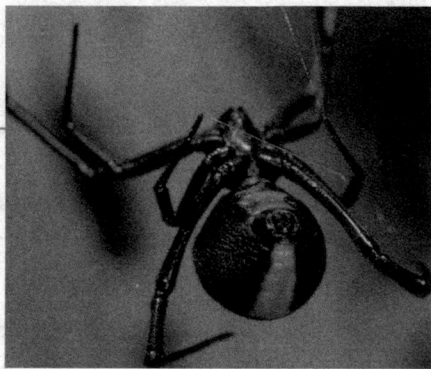

食鸟蛛

它们有的已随着运往世界各地的热带珍贵树木，周游世界了。

蜘蛛身体不晃动之谜

为什么悬在丝上的蜘蛛身体不容易晃动？原来蜘蛛丝中含有一种特殊的分子结构，能使蛛丝富有弹性，很容易克服摆动。

法国的研究人员用十字圆蛛进行观察。他们通过显微镜发现，这种蜘蛛吐出的蛛丝含有的分子结构赋予蛛丝一种能"记忆"形状的奇特功能，它能减少蛛丝的拧动，并使其可以完全恢复原状。

研究人员取来十字圆蛛的蛛丝、凯夫拉纤维线以及软金属铜线进行对比实验，将重量大致与一只十字圆蛛的体重相当的物体分别系在这三种不同的丝线上，在物体旋转数周后，记录下丝线恢复原状所需要的时间。实验结果显示，被用作防弹衣材料的凯夫拉纤维并不能有效地克服拧动；软铜线虽然拧动小，但在转过几周之后变得容易折断；而蜘蛛丝虽然不如软铜线的抗拧能力强，但其弹性最佳。

这个发现对蜘蛛们可算是个好消息，因为如果蛛丝容易拧就容易摆动，这样十分不利于蜘蛛捕食和避敌。参与研究的法国雷恩大学的奥利维耶·埃米尔说："垂丝下滑的蜘蛛容易引起捕食者的注意，摆动会使它变得更加暴露。"

昆虫耳朵趣谈

人的耳朵以及许多动物的耳朵，都是左右对称地长在头上。但昆虫的耳朵特别奇怪，它不是长在头上，而是长在身上。有的长在胸部，有的长在腹部，有的长在触角上，还有的长在小腿上。

蝗虫的耳朵长在腹部第一节的两旁，蚊子的耳朵长在触角上，螽斯、蟋蟀的耳朵长在前足的小腿上，飞蛾的耳朵长在胸腹之间，蝉的耳朵长在腹部下面。

触 角

基本小知识

　　触角是昆虫重要的感觉器官，主司嗅觉和触觉作用，有的还有听觉作用，可以帮助昆虫进行通信联络、寻觅异性、寻找食物和选择产卵场所等活动。

　　昆虫的耳朵生长部位不一致，它们的构造和形状也各不相同。蝗虫、螽斯、蟋蟀的耳朵，外面有一个鼓状的薄膜，叫作鼓膜，里面连有特殊的听器，能感受外界的声浪。当鼓膜感受到外界的音波时，发生振动，波及听器及听神经，声音就传到脑部，做出反应。

　　蚊子的耳朵，是由触角上密密麻麻的绒毛构成的。在触角的第二节里藏着一个收听声音的器官，能够把外界的声音收来，传到中枢神经去。它能够听到 50 米以外的另一只蚊子的嗡嗡之声，即使蚊子的噪声大到像雷鸣般的震响，它们仍然能辨别是雌蚊还是雄蚊的声响。所以，蚊子的触角，在飞行时不断抖动，就是在探听周围的声响。

　　昆虫耳朵的听觉非常灵敏，可以说是"顺风耳"。但昆虫的耳朵只能分辨声音节奏的韵律，却分不清曲调的旋律。用同样的音调，模仿雄蟋蟀的鸣叫声，雌蟋蟀却无动于衷。但在夜深人静，当蟋蟀发出有节奏的鸣叫声时，一旦周围稍有动静，它就会戛然停止鸣叫。

　　昆虫的耳朵，只存在于能发音的昆虫，用来寻找配偶，达到交配的目的。孤单的雌虫，根据异性发出的声音，容易找到对方的藏身之处。在保障自身的安全上，昆虫的耳朵也有很大的作用。

你知道吗

超声波

　　超声波是频率高于 20000 赫兹的声波，它方向性好，穿透能力强，易于获得较集中的声能，在水中传播距离远，可用于测距、测速、清洗、焊接、碎石、杀菌消毒等，在医学、军事、工业、农业上有很多的应用。超声波因其频率下限大约等于人的听觉上限而得名。

飞蛾的耳朵能辨别蝙蝠的超声波，而迅速离开危险区域。人们就利用它的这种功能，录制蝙蝠的超声波，夜间在田野播放，飞蛾听到就会纷纷逃窜，不

敢在附近产卵孵化，危害庄稼。这确是驱赶夜蛾的一种妙法。

突眼蝇的眼睛

昆虫的眼睛各种各样，有的出奇的大，有的出奇的小；有的是一对单眼，有的是由几万个小眼组成的复眼。不过，不管这些眼睛多么奇怪，它们绝大多数是长在昆虫头壳表面的。然而世界之大，无奇不有，有一种虫的眼睛不是长在头壳上，而是长在头上伸出的两根长柄上。这两根长柄的长度，竟然超出它自身长度的 1.5 倍，不知道的人，看到它的这双怪眼，往往会误认为是它头上的触角呢。

这种长有怪眼的虫就以怪眼而得名，叫作突眼蝇。

看到突眼蝇长了这样一对怪眼，你可能会想：它的视力一定会有与众不同的地方吧？

拓展思考

单眼与复眼

单眼仅能感觉光的强弱，而不能看到物像的一种比较简单的光感受器。昆虫的单眼结构已较完善，通常有很多能感光的视觉细胞，周围有色素，表面仅有1个两凸形的角膜，可分为背单眼和侧单眼两种。复眼是相对于单眼而言，它由多数小眼组成。每个小眼都有角膜、晶椎、色素细胞、视网膜细胞、视杆等结构，是一个独立的感光单位。轴突从视网膜细胞向后伸出，穿过基膜汇合成视神经。

是的，科学家研究的结果表明，昆虫的复眼越向外突出，视野也就越开阔。突眼蝇的眼睛远离了头壳，生长在长柄的顶端，真可以说是"会当凌绝顶，一览众山小"了。有了这样的一双眼睛，它前后左右、上上下下，四面八方都可以看得清楚。不过，话又得说回来，突眼蝇的眼睛是由许多小眼组成的复眼。研究表明，组成复眼的小眼越多，视力才越好。可是，突眼蝇的眼睛长在长柄的顶端，不可能长得很大，组成复眼的小眼就很少，因此，它的视力自然也不会太好。这么一来，它的视野虽好，可却是一个戴着"高架眼镜"的近视眼。

还有，突眼蝇的眼和其他昆虫相比，离大脑的距离太远，影像通过神经传导的时间，自然要比其他昆虫长，因此，它对视野中物体的反应也会迟钝一些。至于突眼蝇的眼睛是不是和长筒望远镜一样，可以随意伸缩变焦，从而看清远处的物体，这还有待进一步的研究。

甲虫喷出高温毒液

庞巴迪甲虫有一种令人难以置信的独特能力，当受到威胁时，它会快速地从腹部喷出沸腾的、爆炸性的液体，其频率甚至达到了一次触发就连续喷射70次，相当于投放炸弹。这种有毒液体是过氧化氢和对苯二酚的混合物，两种物质在甲虫体内发生化学反应。混合物来自庞巴迪甲虫腹部的一个燃烧室功能的部位，这个燃烧室的进出阀门可准确控制混合物的程度。

庞巴迪甲虫的名字来自于其保护自己对抗掠食者的能力。它们喷出的有毒液体温度高达100℃，可落在鸟类、青蛙、啮齿动物或其他昆虫等食肉动物的身体表面上，并进入身体，达到驱除它们的目的。液体对于昆虫和小动物是致命的，而人被甲虫咬伤，液体进入人的皮肤，人会感觉很疼痛。

英国利兹大学科学家已经研制出一个模仿庞巴迪甲虫类似功能的实验性装置，装置的喷射距离可达到4米。

不相配的"夫妻"

松针黄毒蛾学名舞毒蛾，又称吉卜赛蛾。雌雄两性差异极大，以至于人们往往会把它们误认为是两种不同的蛾类昆虫。雄蛾与雌蛾相比显得很渺小，完全没有"男子汉"的形体气派。雄蛾体褐棕色，前翅浅黄色布褐棕色鳞，后翅黄棕色。雌蛾的体型高大而壮实，体色浅淡，前翅与后翅都接近黄白色，显得高贵而雅致。正是由于外形体色上所形成的强烈反差，使它们成了一对不相配的"夫妻"。

千奇百怪说昆虫

松针黄毒蛾在秋季产卵。雌蛾在树干的基部产下卵之后，即用自身腹部的细毛将产下的卵掩盖得严严实实，看上去就好像是树干上的一块浅棕色斑纹。冬去春来，当幼虫孵化出来后就会向树冠挺进，去饱餐嫩绿的树叶。对于绿色森林，松针黄毒蛾可不像它们的外表那样洁白无瑕，更不存在半点高雅。它们穷凶极恶地蚕食树叶，好端端的白桦林、亭亭玉立的杨树，会被它们洗劫得只剩光秃秃的叶柄和叶脉。因此，它们是不折不扣的森林害虫。

消灭松针黄毒蛾的有效方法是，用煤油和沥青的混合液涂抹在它们产下的卵上，将害虫扼杀在摇篮里。将捕食害虫的鸟类引进到毒蛾肆虐的林子里，用鸟捕食松针黄毒蛾，这也是一种生物防治害虫的有效方法。

你知道吗

沥青

沥青是由不同分子量的碳氢化合物及其非金属衍生物组成的黑褐色复杂混合物，呈液态、半固态或固态，是一种防水防潮和防腐的有机胶凝材料，用于涂料、塑料、橡胶等工业以及铺筑路面等。

拓展阅读

蒲公英

蒲公英属菊科多年生草本植物，头状花序，种子上有白色冠毛结成的绒球，花开后随风飘到新的地方孕育新生命。蒲公英植物体中含有蒲公英醇、蒲公英素、菊糖等多种健康营养成分，有利尿、缓泻、退黄疸、利胆等功效。蒲公英同时含有蛋白质、脂肪、碳水化合物、微量元素及维生素等，有丰富的营养价值。

松针黄毒蛾的幼虫打小就浑身长满长长的毛，就如蒲公英的种子那样，随风飘落。因此，它们对森林的危害又具有随风转移的特点，有时，甚至会蔓延到很远的林区和果园，其流毒甚广。美国原来并没有松针黄毒蛾，出于用家蚕与毒蛾杂交试验的需要，从欧洲引进了这种害虫。试验中一不留神就让风这种媒介把毒蛾扩散到了实验室的窗外，虽经严密搜寻但还是让漏网分子逃之夭夭。20年后，美国的森林遭到了毒蛾的危害。

调虎离山戏虎甲

　　虎甲体呈金绿色、赤铜色或灰色，并带有黄色的斑纹。头宽大，复眼突出。有 3 对细长的胸足，行动敏捷而灵活。虎甲是肉食性昆虫，常在山区道路或沙地上活动，捕食低飞的小虫。有时静息路面，当人们步行在路上时，虎甲总是距行人前面三五米，头朝行人。当行人向它走近时，它又低飞后退，仍头朝行人，好像在跟人们闹着玩。因它总是挡在行人前面，故有"拦路虎"之称。世界上已知虎甲约 2000 种，我国有 100 余种，常见的有中华虎甲等。

　　虎甲成虫长得虽很漂亮，但它的幼虫——骆驼虫却十分丑陋。而骆驼虫奇特的自卫方法却能让我们旱地钓"鱼"，戏弄虎甲。人们去池塘或河流中钓鱼，既是一种消遣娱乐，又可得到收获，还能锻炼耐性，陶冶情操。小孩子们却最好别去，因为有万一不小心掉到水里的危险。那小孩子想钓鱼又怎么办呢？可以去野外的草地上玩钓"鱼"游戏，实际钓的就是穴居洞内的骆驼虫。首先在草地上寻找小洞口，找到后用一根细草秆轻轻插入小洞中，然后观察草秆的动静。当草秆轻轻地摆动时，马上向上一提，就会钓出一条驼背弯腰的小毛虫——骆驼虫来。一根草秆既没钩，又没食饵，怎能把骆驼虫钓上来呢？这就要从昆虫的自卫行为说起了。草秆插进洞穴，骆驼虫受到了攻击，它就进行自卫，用一对上颚咬住草秆，这时只要你快速将草秆拔出，就把骆驼虫拉出来了。

　　骆驼虫的头大，胸部驼起，腹部弯曲，外形像骆驼，全身长毛，第五腹节背面隆起，并长有逆钩 1 对。骆驼虫在成虫挖掘好的洞中生活，洞穴深达33 厘米左右，洞口 5 毫米左右。平时遁入洞底，捕食时向上爬至洞口，用背上的逆钩固着身体，一对上颚露出洞外，等待小虫爬过洞口时，突然袭击，然后把小虫拖进洞口。这种"守株待兔"的捕食方法，当然不会捕到很多，难免有时挨饿，一旦捕到食物，就可饱餐一顿。小骆驼虫也很聪明，知道只靠自投罗网的猎物，没有把握，便想出办法来引诱小动物。它轻轻摆动露在洞口的上颚和触角，模仿小草摆动的姿态，以此吸引小动物上钩。这种方法固然能收到猎食的效果，但有时也会暴露自己，引来天敌，反被吃掉，所以

骆驼虫还有一套保卫自身的方法。当它遇到敌害攻击时，便靠弯曲的身体迅速蠕动身上滑溜的长毛，快速躲进洞内。若被敌害拖住外露的上颚，它则利用腹背的逆钩，牢固地钩着洞壁，使敌害难以将它拉出来。

虎甲能用上颚和足在地下挖洞，夜间或阴雨天钻入洞穴，白天多在洞外活动，寻找猎物。交尾在洞外草丛中进行，产卵在洞穴中。卵孵化后的幼虫独居于洞穴中，依靠自身捕食生活，整个幼年时代不离洞穴。当幼年时代即将过完时，它便在洞底的旁边再挖一个斜洞，做个蛹室而化蛹，直到羽化为成虫，再钻出洞外活动。

姬蜂养家糊口的方式

姬蜂对生儿育女所倾注的热情和爱心不亚于动物界任何其他种类。但它们养家糊口的方式却是别出心裁的。

姬蜂总是用蜇针猎杀食物——毛虫、蜘蛛、甲虫或甲虫的幼虫，然而为了保证食品的"保鲜"，它从不把猎物置于死地，而仅仅是刺伤而已，然后把猎物运送到"家"中。它在猎物的身上产下 1 个或多个蜂卵，便撒手离去，而它的孩子们则慢慢享用猎物所提供的养分，在"家"中成长起来。

为了把握"伤而不死"的分寸，姬蜂总是选择一个固定的部位对猎物"行刺"。蜇针刺入猎物体内并触及它的神经节，仅射入一滴毒汁，猎物便瘫痪了，这很像是人类医学临床应用的针刺麻醉术。

不少姬蜂也常有一些"不劳而获"的不光彩行为。它们并不去冒险发起攻击，而只是观望同伴的冒险举动，一旦胜利者放下猎物去觅洞时，它们就会把现成的食物偷走，占为己有。

刚孵化出来的姬蜂幼虫，似乎与生俱来便有"保鲜食品"。它们先食用猎物肌体不重要的部分，使猎物仍保持鲜活，甚至到吃完了猎物的一半或四分之三，猎物还依然活着。姬蜂这一匠心独具的繁衍后代的方式，使其子女食宿无忧。在它们没有冰箱的居室里（洞穴），它们的食品的新鲜程度远非人类的罐头食品可以比拟。

奇妙的蟋蟀声

大家都很熟悉蟋蟀嘹亮的鸣叫声，但你们知道吗，蟋蟀的鸣声大有讲究，科学家们研究发现随着它们的种类不同，鸣声也不同；而且这种鸣声只对同种的蟋蟀有反应，别种蟋蟀对此是无动于衷的，真可谓是同种之间的声通信。

蟋蟀的鸣叫声听起来很悦耳，实际上，它只能单调地变化声音的强弱。蟋蟀的鸣声是由它发音的方法决定的，靠左右前翅的开闭和往复动作发出声音的。当翅膀使劲地闭合时，瞬间发出一个音，翅膀鼓起时不发音。就这样一鼓一闭得到连续的脉冲，形成猝发音。蟋蟀翅膀鼓起闭合动作的往复速度，随不同种类而异，从最慢的每秒 10 次（10 赫兹）到最快的每秒 150 次（150 赫兹）。对于频率低的，人们听起来似颤音，快的就觉得是连续音似的。

更有趣的是，在蟋蟀众多的品种中还有几种不具有发音器而不能鸣叫的。尽管那几种雄蟋蟀不能发出声音，但是它们用特殊的方法向雌蟋蟀传递信息。这种方法是振动身躯，靠着身体部分的物理振动来传递声波。当然这样的声音是极微弱的，振动频率仅 40 赫兹左右。甭说人类听不到，即使蟋蟀本身也不可能通过听觉器听到，估计是通过物体传导来的振动感觉到的。不过这种振动的波形与鸣声的波形完全一样，实在令人感到惊讶。

你知道吗

脉冲

电压（V）或电流（A）的波形像心电图上的脉搏跳动的波形，但现在听到的什么电源脉冲、声脉冲……又作何解释呢？脉冲的原意被延伸出来：隔一段相同的时间发出的波等机械形式。学术上把脉冲定义为：在短时间内突变，随后又迅速返回其初始值的物理量称之为脉冲。

广角镜

声波

声波，一种纵波，是弹性介质中传播着的压力振动。声以波的形式传播着，叫作声波，声波借助各种介质向四面八方传播。

埋葬尸体的小虫

在大自然中，在许多像秃鹫、鬣狗、蚂蚁这样的食腐动物，是它们及时地清除了那些暴尸荒野的动物尸体，才防止了因尸体腐败而造成的环境污染。为了表示对它们所做贡献的肯定，人们把它们誉为"大自然的清道夫"。埋葬虫就是它们当中的一员。

埋葬虫的身体很小，平均体长大约是 1.2 厘米。它们的外表有的呈黑色，有的呈五颜六色，也有呈明亮的橙色、黄色、红色。身体扁平而柔软，适合于在动物的尸体下面爬行。

埋葬虫是怎样埋葬小动物尸体的呢？它为什么会有这么古怪的习性呢？原来，埋葬虫的嗅觉很灵敏，当附近有小动物死去，它用触角便能很快闻到尸体的气味，探明尸体的位置，然后在飞行中，用翅膀的振动声为信号，招来大批的同伴。当几十只埋葬虫汇集到尸体上以后，它们便在尸体上爬上好几圈，好像是在测量尸体的大小，考虑该挖多大的墓穴才能将它掩埋似的。等到这道工序完成，所有的埋藏虫就钻到尸体的下面，齐心协力地挖起土来。它们先将土挖松，然后用足将土向四周扒开。就这样，坑越挖越深，越扒越大，小动物的尸体就逐渐下陷，最终被埋葬在由埋葬虫建造起来的墓穴之中了。如果尸体下的土壤太硬，无法挖土掩埋，埋葬虫们还会一起用力，将尸体搬运到土质松软的地方去埋葬。

埋葬虫千方百计地埋葬小动物的尸体到底是为什么呢？原来，它们是在为自己将要出世的儿女准备粮食呢。当埋葬虫埋葬尸体的时候，就在尸体上产下了卵。等到卵孵化，小埋葬虫一出世，就可以吃到由父母早就为它们准备好的食物——小动物的尸体了。不愁吃不愁喝，埋葬虫的幼虫很快就会发育长大，变为成虫。

逢人便拜的叩头虫

叩甲科的昆虫一旦被人捉住，便会在人们手上不停地叩头，所以人们给它起了一个形象的名字——叩头虫。孩子们常在野外捉来叩头虫（成虫）玩耍，用拇指和食指轻轻捏着它的后腹部和鞘翅端部，将它的头部朝向自己，于是叩头虫便将前胸下弯，然后又抬起挺直，同时发出"咔咔"的声音，如此反复进行，好像在不停地磕头。其实它可不是真的向你磕头求饶，而是在挣扎逃脱，这是它的一种自救方式，你稍不留心，它就会弹跳逃走。

这种昆虫还用叩"响头"的方式进行信息传递，吸引异性。叩头虫为什么能叩头呢？因为它的前胸背板与鞘翅基部有一条横缝（下凹），前胸腹板有一个向后伸的楔形突，正好插入中间胸腹板的凹沟内，这样就组成了弹跃的构造。如果你将它背朝下放在平面上，使虫体仰卧，它先挺胸弯背，头和前胸向后仰，后胸和腹部向下弯曲，这样就使身体中间离开平面而呈弓形，然后再靠肌肉的强力收缩，使前胸向中胸收拢，胸部背面撞击平面，身体借助平面的反冲力而弹起，从而翻过身来。它的弹起高度可达 30 多厘米。叩头虫的这种熟练而优美的翻身动作，真像体操的"前滚翻"和"仰卧跃起"的表演。如果捉住它饲养，只要在饲养盒内放一点水果，它们就能生活较长一段时间。

叩甲多为中小型种类，头小，体狭长，末端尖削，略扁。体色呈灰、褐、棕等暗色，体表被细毛或鳞片状毛组成不同的花斑或条纹。有些大型种类则体色艳丽，具有光泽。生活史较长，一般 2 ~ 5 年完成一代。幼虫身体细长，颜色金黄，故称金针虫、铁线虫。它生活在地下土壤内，可危害播下的种子、植物根和块茎，是重要的地下害虫。世界记载的叩甲已超过 1 万种，我国已知约 600 种。

威武雄壮的独角仙

犀金龟科亦称独角仙科，是一个特征鲜明的类群，依其上颚多少外露而

于背面可见，上唇为唇基覆盖，触角 10 节，鳃片部 3 节组成，前胸腹板与基节之间生出柱形、三角形、舌形等垂突等特征而易于识别。大型至特大型种类，性二态现象在许多种类中显著，其雄虫头面、前胸背板有强大角突或其他突起或凹坑，雌虫则没有角突或仅可见低矮突起。全球已记录有犀金龟 1400 余种。相对而言，我国犀金龟种类相当贫乏，迄今仅记录有 33 种。成虫植食性，幼虫多腐食，或在地下危害作物、林木之根。我国的种类虽少，但有多种是重要地下害虫，防治的经济意义重大。

独角仙又称双叉犀金龟，体大而威武。不包括头上的犄角，其体长就达 35～60 毫米，体宽 18～38 毫米，呈长椭圆形，脊面隆拱。体栗褐到深棕褐色，头部较小，触角有 10 节，其中鳃片部由 3 节组成。雌雄异型，雄虫头顶生一末端双分叉的角突，前胸背板中央生一末端分叉的角突，背面比较滑亮。雌虫体型略小，头胸上均无角突，但头面中央隆起，横列小突 3 个，前胸背板前部中央有一丁字形凹沟，背面较为粗暗。3 对长足强大有力，末端均有利爪 1 对，是利于爬攀的有力工具。

独角仙一年生产 1 代，成虫通常在每年 6～8 月出现，多为夜出昼伏，有一定趋光性，主要以树木伤口处的汁液，或熟透的水果为食，对作物林木基本不造成危害。幼虫以朽木、腐烂植物质为食，所以多栖居于树木的朽心、锯末木屑堆、肥料堆和垃圾堆，乃至草房的屋顶间，不危害作物和林木。幼虫期经过 3 年，共脱 2 次皮，成熟幼虫体躯甚大，乳白色，约有鸡蛋大小，通常弯曲呈 C 形。老熟幼虫在土中化蛹。独角仙广布于我国的吉林、辽宁、河北、山东、河南、江苏、安徽、浙江、湖北、江西、湖南、福建、台湾、广东、海南、广西、四川、贵州、云南；国外有朝鲜、日本的分布记载。在林业发达、树木茂盛的地区尤为常见。

独角仙除可作观赏外，还可入药疗疾。入药者为其雄虫，夏季捕捉，用开水烫死后晾干或烘干备用。中药名独角螂虫，有镇惊、破瘀止痛、攻毒及通便等功能。

可爱的飞鸟

SHENGWUQUAN DA JIEMI

◀ ▶

全世界现有鸟类9000余种，我国有1329种，绝大多数营树栖生活，少数营地栖生活。水禽类在水中寻食，部分种类有迁徙的习性，主要分布于热带、亚热带和温带。鸟类体表被羽毛覆盖，前肢变成翼，具有迅速飞翔的能力。身体内有气囊，体温高而恒定，并且具有角质喙。在鸟的王国里有很多你不知道的新鲜事。听说过这些吗？鸟类中有"女尊男卑"的现象，织布鸟夫妇分巢而居，看重"礼物"的北极燕鸥。

有趣的鸟类居室

　　像人类要盖房子安家一样，鸟类的居室其实就是它的窝巢。盖什么样的房子，用什么建筑材料构建居室，以及把房子建在什么地方，百鸟百态，十分有趣。

　　燕子在鸟类中称得上是大师级的能工巧匠。它以巧夺天工的泥塑工艺来建"房"，用口中吐出的天然黏合剂——唾液，把一嘴接一嘴衔来的一小团一小团的泥土和黏土来黏结成型。半球形的巢是家燕的栖息空间；毛脚燕的"居室"上部封闭不见天日，出入经过侧门；金丝燕盖"房"用料考究，它口衔嘴叼，用自身的唾液混合海藻筑巢，难怪人们都将这种上等"进口"材料盖的房当作滋补珍品享用，不知有多少燕窝葬身于人腹，好端端的"房子"硬是让嘴馋贪吃的人吃掉了。一种名叫格伐杰玛的雨燕用植物的纤维和唾液筑巢，由于选用了质轻而又极具韧性的建筑材料，因此这种"房子"可以高高地悬挂在细小的树枝上。攀雀的巢也都悬挂在细长的树枝上，它是用植物的茸毛建造的，质地更柔软更轻巧，看上去攀雀的居室更像是羊毛毡子制成的曲颈瓶。住在这样的房子里，它们便成了"瓶中鸟"，而不是通常所说的"笼中鸟"了。

你知道吗

燕窝

　　燕窝为雨燕科动物金丝燕及多种同属燕类用唾液和绒羽等混合凝结所筑成的巢窝，形似元宝。窝外壁由横条密集的丝状物堆垒成不规则棱状凸起，窝内壁由丝状物织成不规则网状，窝碗根却坚实，两端有小坠角，一般直径6～7厘米，深3～4厘米，主要产于我国南海诸岛及东南亚各国。燕窝因采集时间不同可分为三种：白燕、毛燕、血燕。燕窝的营养较高，含50%蛋白质，30%糖类和一些矿物质，是中国传统名贵食品之一。

　　椋鸟、啄木鸟、鸮和山雀都是在树洞里安家建房的。它们当中，只有啄

木鸟是靠自己的辛勤劳动，即用嘴啄出树洞来居家，其余的鸟都是不劳而获地利用啄木鸟用过的旧树洞或天然形成的树洞，这样它们就只能一辈子都住旧房子了。

翠鸟和灰沙燕专门选择在陡峭的河岸上凿洞挖穴，它们在不辞辛劳挖掘出来的狭长洞穴的尽端，拓展出一个较大的空间。有的时候翠鸟也选用鱼骨和鳞片作为室内装修材料。

雕、鹰和鸢是一些性情凶猛的禽类，别看它们体形硕大，盖的"房子"也很宽敞亮堂，但工程质量却很糟糕。它们的巢是用粗细不等、长短不齐的树枝搭起来的，看上去就像是人们盖楼房搭起的脚手架一样，既简陋又很粗糙。与之形成鲜明对照的是，在俄罗斯有一种极普通的鸟燕雀，却精心设计、精心施工，建造了极为精致的居室，它们精选建材，将地衣、青苔和榆树皮由表及里地编织成了精美绝伦的房子，这种鸟巢伪装得就好像生长着地衣的树干和树枝。

值得一提的是非洲厦鸟，单从名字里的一个"厦"字就可以看出它们的建筑天赋。厦鸟结成群体共同建造一个伞形的公共棚屋，然后再在同一个屋顶下，成双结对的鸟又各自分别盖自己的小屋——挂巢，这种集体宿舍楼似的鸟巢（公共棚屋）外形像一口大钟，而各自独立的挂巢又像是钟摆，风儿吹来，似乎还会发出金属的声响呢！

可爱的飞鸟

鸟类中的"女尊男卑"现象

鸟类世界中的占90%以上的绝大多数种类的婚配都是"一夫一妻"制，也有大约2%的种类过着"一夫多妻"制的父系群居生活，但还有0.4%左右的种类为罕见的"一妻多夫"制。在一雌多雄制鸟类中，性选择主要是对雌鸟起作用，而不是对雄鸟，因为在这些鸟类中生殖成功率主要决定于雌鸟，而性选择则有利于提高雌鸟的竞争能力。

红颈瓣蹼鹬是"一妻多夫"制的典型代表，它是一种小型海洋性水禽，体长只有18～19厘米，以水生昆虫为食。它在北极地区繁殖，在热带地区越冬，春秋迁徙季节途经我国境内。它的体形秀美，嘴细而尖，呈黑色。脚也是黑色，脚趾上具有像花瓣一样的蹼。由于种群内部的性选择主要是对雌鸟起作用，所以表现雌雄外形差异的性二型分化也恰好同大多数鸟类相反：它的雌鸟不但身躯长得比雄鸟高大强壮，羽色也比雄鸟美丽多彩，尤其是到了繁殖季节。这时雌鸟虽然身体的羽毛仍然以灰黑色为主，但眼上出现了一小块白色的斑块，背、肩部有 4 条明显的橙黄色纵带，前颈呈鲜艳的栗红色，并向两侧往上一直延伸到眼后，形成一条漂亮的栗红色环带。雄鸟的羽色虽然看上去同雌鸟类似，但颜色却十分平淡。

基本小知识

蹼

一些水栖动物或有水栖习性的动物，在它们的趾间具有一层皮膜，可用来划水运动，这层皮膜称为蹼。例如，两栖类的蛙、蟾蜍等，爬行类的龟、鳖等，鸟类的雁、鸭、鸥等，哺乳类的河狸、水獭、海獭、鸭嘴兽等的趾间都具有发达程度不同的蹼。

繁殖期的求偶炫耀行为也是由雌鸟主动表露，表现得特别兴奋，围着雄鸟转来转去，并做出各种炫耀姿态，尽力讨得雄鸟的欢心。如果此时有其他雌鸟闯入，它们之间便没有了往日的和气、温顺和羞涩，常常为争夺雄鸟挥动"粉拳"大打出手，上演一场"抢新郎"的闹剧。而那些雄鸟完全没有一点点"男子汉"的气概，只是悄悄地站在一旁看热闹。雌鸟们的决斗经常斗得天昏地暗，难解难分，直到失败的一方狼狈逃窜之后，获胜的雌鸟才昂首挺胸，带领着争抢到的"丈夫"们在其早已占领的地盘内筑巢安家，欢度蜜月。在筑巢的时候，作为"新郎"的雄鸟们不停地为巢中衔回草根、草叶，十分辛苦。而"新娘"却一反求婚时的讨好姿态，躲在一边袖手旁观。等到产卵之后，雌鸟更是不辞而别，抛夫弃子，另择新婚去了。只留下雄鸟老老实实地趴在巢中，承担起全部孵卵、育雏的重任。因此，对于红颈瓣蹼鹬来说，传统的"雌雄"的地位和观念完全被"颠倒"了，它们不仅是"一妻多夫"，而且是"女尊男卑"，雌鸟在种群中以完全主宰的面目出现，具有压倒优势的地位，拥有许多"男妃"，过着"女王"一样的生活。

由于红颈瓣蹼鹬的卵经常会由于捕食和气候反常而遭受很大损失，雌鸟都具有较强的迅速产出第二窝补偿卵的能力，来与这种环境特点相适应，当

然这些卵仍然需要雄鸟来看护和孵育，这种以雌鸟为主的繁殖特征很有点"母系社会"的味道。由于雄鸟承担全部抚育后代的工作，雌鸟则从繁重的孵卵、育雏工作中"解放"出来，专职产卵，客观上就增加了产卵量，从而确保可以多留一些后代。这是长期的进化过程中所发展起来的一种对捕食者掠夺卵和幼雏的适应。表面上雌鸟似乎是个"狠心无情"、"喜新厌旧"的"坏女人"，实际上则对整个种族的发展有很大的贡献。

会思考的鹦鹉

人类自古以来就自称是"万物灵长"，总是想方设法证明自己比其他动物更为优越。学者们曾经认为使用工具的能力是人类的特性，但根据观察，猩猩也会利用树枝、石块等简单的工具。

研究者们又宣称掌握和运用语言是人类独具的才能，但随后人们又发现海豚能够发出某种特定的声音彼此交流，而黑猩猩则能够掌握手语等符号语言系统。

学者们退守到更加内在的人类本性：思想。但如今，一只名叫阿莱克斯的非洲灰鹦鹉却在挑战这最后的信条。与其他动物不同的是，这只鹦鹉不但会说人话，而且明白自己在说什么。当它说"嘿，过这儿来"的时候，它确实是希望它的主人走过来。

拓展阅读

手 语

手语是用手势比量动作，根据手势的变化模拟形象或者音节以构成的一定意思或词语，它是听力障碍的人（即聋哑人）互相交际和交流思想的一种手的语言，它是"有声语言的重要辅助工具"，而对于听力障碍的人来说，它则是主要的交际工具。

对于研究它多年的科学家美国亚利桑那大学的艾瑞恩·派珀伯格教授来说，这实在是一件了不起的事情。她相信阿莱克斯并不只是简单地模仿人类的发音，而且能够理解这些语言的意义。

阿莱克斯能够辨认50多种不同的物体，能够区分7种颜色，还懂得从1

可爱的飞鸟

到 6 的数字含义。艾瑞恩教授说："你可以问它一个东西是什么颜色、什么形状和什么质地，而它都能够准确地回答你提出的问题。"也就是说，当你问这只鹦鹉这是什么颜色的时候，它不会告诉你等于 4。当阿莱克斯想要回到它安全的栖身之地时，它就会喊叫着让你知道："要回去喽!"艾瑞恩说有一次她问这只鹦鹉说："你要回去吗?"它竟然将这个问句重新组织成："我要回去了。"

有一次，她拿着一枚紫色的大钥匙和一枚绿色的小钥匙，问阿莱克斯说："你能告诉我它们的区别吗?"它的回答简洁有力："颜色。"艾瑞恩接着问："小钥匙是什么颜色的?"鹦鹉说："绿色的。"

这只鹦鹉真的能够像人类一样思考吗? 没有人能够给出结论，甚至更多的人会持怀疑的态度，但这的确是一个十分具有诱惑力的问题。艾瑞恩也说："阿莱克斯的行动超出了我们对鹦鹉的预想，这是一件令人兴奋的事，而且我们还不知道鹦鹉的智能究竟还有多高。"

这只 24 岁的鹦鹉还正当壮年，现在它的工作是训练更年轻的同类们。科学家希望出现在阿莱克斯身上的智力活动并不是一个特例。人类与动物之间的界限又一次被模糊了，虽然人类比动物更善于思考，但脑子只有豌豆大小的鹦鹉却能够学习这种思考方法，这不能不说是一件让人震惊的事情。

最特殊的活罗盘——鸽子

飞鸽千里传书，燕子秋去春来，这些都是人们常见熟知的现象。资料中记载，曾有一只鸽子由西非出发飞行了 5 天半经过 9000 多千米的长途返回英国老家之中。极地燕鸥每年往返于南北极之间。让人们迷惑不解的是，这些鸟是根据什么能够年复一年、准确地返回它们的繁殖或越冬地区的?

动物学家们和其他学科的专家们花费了许多年的时间，尤其是近数十年间将大量技术先进的新监测设备甚至人造卫星，应用到这项研究之中。这才初步搞清了动物迁徙中的导航机制，像海龟、鲣鸟以及椋鸟等是依靠太阳或星辰做导航的，蚂蚁、蜜蜂是利用偏振光来定向的。对鸽子的研究指出，它在晴空万里之时可依太阳的位置作为航标，在乌云密布或夜幕之中，它也可

以凭借地球磁场的差异而准确地向家乡前进。科学家们通过观察和试验也发现，如果迁飞途中的鸽子遇到功率强大的无线电发射台站，那么它们立即会晕头转向、失去正确的航向。它们会围绕电台盘旋，等到电台电磁波间断，它们才能逃脱这无形的网络而重新辨明方向前进。如果在鸽子头顶绑上一块强力的磁铁，鸽子也会像碰到电台电磁波一样失去正确的返巢方向，这就充分证明了磁场是鸽子迁飞的主要导航标志。

科学家又发现，每当地球磁场由于太阳磁暴的影响引起哪怕是小于 100 伽玛的极其微弱的变化，也足以影响鸽子返巢的准确性，这说明鸽子这只活罗盘是多么灵敏，性能之好实在令人惊叹。那么鸽子怎样感受到磁场的变化？什么器官能感受磁场变化？这种器官的结构怎样？在鸽子身体的哪一部分？这些是动物学家正全力探讨的问题。德国细胞学家在研究细胞表面电荷情况时发现：在细胞表面放置一种能够导电的盐溶液，细胞就可以在电场中运动。如果此时外加一个磁场，那么，细胞就会随磁场的位置移动而移动，并且在细胞移动的过程使溶液中诱导出相应的电流来，这电流的大小与磁场强度大小紧密相关，电流大小对于磁场的敏感度即使在磁场的方向和强度上可以精确到地球磁场强度（极微弱的）的十分之一它

你知道吗

偏振光

光是一种电磁波，电磁波是横波，而振动方向和光波前进方向构成的平面叫做振动面。光的振动面只限于某一固定方向的，叫作平面偏振光或线偏振光。偏振光是指光矢量的振动方向不变，或具有某种规则地变化的光波。按照其性质，偏振光又可分为平面偏振光（线偏光）、圆偏振光和椭圆偏振光、部分偏振光几种。

广角镜

太阳磁暴

太阳磁暴是指当太阳表面活动旺盛，特别是在太阳黑子极大期时，太阳表面的闪焰爆发次数也会增加。闪焰爆发时会辐射出 X 射线、紫外线、可见光及高能量的质子和电子束。

可爱的飞鸟

都会有反应。

德国细胞学家的这项研究成果，启发了研究鸟类迁飞机制的动物学家们，他们认为这也可能正是鸽子能够利用地磁导航的这只生物罗盘的模型。

很可能在鸽子的脑子里某一部分，有一批由相互平行排列的神经细胞构成的一只"生物罗盘仪"，每当外界磁场发生变化时，这批细胞就能在磁场诱导下发生不同强弱的电流，最后生物电再被另一特殊的感受器接收，使得鸽子得到一个航向的信息，引导鸽子判明方向径直返巢而去。这样一个推论似乎是可信的，至于这一推论是否如实地反映出鸽子"活罗盘"导航机制的实质，有待进一步证实。

趣味点击　　罗盘

罗盘是理气宗的操作工具，主要由位于盘中央的磁针和一系列同心圆圈组成，每一个圆圈都代表着中国古人对于宇宙大系统中某一个层次信息的理解。罗盘由三大部分组成：天池也叫海底，亦就是指南针；内盘就是紧邻指南针外面那个可以转动的圆盘；外盘为正方形，是内盘的托盘，在四边外侧中点各有一小孔，穿入红线成为天心十道，用于读取内盘盘面上的内容。

知识小链接

生物电

生物的器官、组织和细胞在生命活动过程中发生的电位和极性变化。它是生命活动过程中的一类物理—化学变化，是正常生理活动的表现，也是生物活组织的一个基本特征。

奇特的鸟嘴

鸟嘴内是没有牙齿的，为了啄食食物，它们的嘴延长成喙。由于食性不同，鸟的嘴形也长得各式各样。

吃虫的鸟，它们的嘴一般长得细长，尖得像钢针一样，便于啄食小虫子。例如，鹡鸰、山雀、相思鸟等，它们专门吃食刚从卵壳里孵化出来的幼虫，以及果实的虫眼里或叶腋里潜藏的小幼虫。这类鸟的食量都比较大，每天都要吃掉比它们体重还多的幼虫。它们吃掉了一些害虫，对果园、菜园贡献很大。

有的鸟嘴形细长，上嘴的尖端有点向下弯曲，这种嘴能把树皮缝里和土壤里的虫子掏出来。著名的"树木医生"啄木鸟，嘴强直，呈楔状，整天在树林里搜查、敲打、凿洞，把藏在树皮里面的虫子啄捕出来。

还有一些鸟，它们的嘴形别具一格，如燕子、鹟、寿带等，它们的嘴扁而阔，呈三角形，张开以后，面积很大，专门捕食在空中飞行着的昆虫。

在树林、田野吃种子和坚果的鸟类，嘴形都粗短，呈三角锥形，如麻雀、文鸟、黄胸鹀等，它们的嘴短而健壮，对啄食谷物种子特别有利。鹦鹉的嘴，硬厚钩曲，仿佛是剖开的半只牛角，对压裂坚果非常有利。交嘴雀上下嘴的尖端，左右交叉，能深入松树球果的鳞片间，钳出里面的种子。

在沼泽、滩涂和浅水觅食软体动物和鱼虾的鸟类，嘴形长

你知道吗

田 鼠

田鼠是仓鼠科的一类，包括五属，与其他老鼠比较，田鼠的体型较结实，尾巴较短，眼睛和耳较小，可在多种环境中生活，多为地栖种类，它们挖掘地下通道或在倒木、树根、岩石下的缝隙中做窝。有的白天活动，有的夜间活动，也有的昼夜活动。多数以植物性食物为食，有些种类则吃动物性食物，喜群居，不冬眠，每年繁殖 2～4 次，每胎产仔 5～14 只，寿命约两年。

直，前端尖，如池鹭、白鹳、丹顶鹤等，有利于在泥中或浅水中找食物，并能夹紧滑溜溜的鱼虾。鸬鹚的嘴端钩曲，能啄捕水中的游鱼。鹈鹕的嘴底有一个很大的兜子，适于吞贮捉到的鱼。

一些食肉的猛禽，如鹰、隼、鸮、鹗等，嘴形尖锐并弯成钩状，便于它们撕食啮齿动物和鸟类。有一种猫头鹰叫长耳鸮就是捕捉田鼠的能手，每天能吃三四只田鼠。分布在青海、西藏一带的秃鹫，喜欢吃野兽的尸体，用带钩的嘴撕裂吞食。伯劳的习性和猛禽相似，其嘴形也和猛禽相同。

丹顶鹤的舞蹈

每年3月末4月初，当丹顶鹤到达繁殖地后不久，即开始配对和占领巢域，雄鸟和雌鸟彼此通过在巢域内的不断鸣叫来宣布对领域的占有。求偶时也伴随着鸣叫，而且常常是雄鸟嘴尖朝上，昂起头颈，仰向天空，双翅耸立，引吭高歌，发出"呵，呵，呵"的嘹亮声音。雌鸟则高声应和，然后彼此对鸣、跳跃和舞蹈。它们的舞姿也很优美，或伸颈仰头，或屈膝弯腰，或原地踏步，或跳跃空中，有时还叼起小石子或小树枝抛向空中。

跳舞的丹顶鹤

丹顶鹤的舞蹈大多是由几十个、几百个动作的连续变换，因此妙不可言。南朝宋文学家鲍照在《舞鹤赋》中用"众变繁姿"、"态有遗妍，貌无停趣"、"轻迹凌乱，浮影交横"的句子来赞美丹顶鹤的舞蹈，说它那"始连轩以凤跄，终宛转而龙跃"的舞姿使得风流善舞的"燕姬色沮相形见绌"。丹顶鹤如此动人的舞姿，自然也要引起古代艺术家们的喜爱，在河南南阳汉画馆珍藏的汉砖《鹤舞》上，就有对双鹤舞姿的生动描绘。

丹顶鹤的舞蹈往往从略带紧张的注目姿势引起的弯腰开始，有时增加一个并行动作。由行走中的弯腰、展翅到跳跃动作的产生，表明舞蹈的开始。也有的就从叼拣食物开始，这足以说明古人的"食化"教舞，并非妄谈。中途加入伙伴的舞列，往往以快步行走，拍打翅膀为信号。舞蹈中一半有固定的对象，也有不断替换伙伴的集体舞。在有伙伴的舞蹈中，一般都是一方弯腰，对方就做伸腰抬头或跳跃等高位置动作，双方交替进行。但在节奏失调时，双方也同时做同样的动作。集体舞中常有跳踢、追逐赛跑，并伴有快速拍打翅膀的鞠躬和连续的屈背动作，当屈背中止时，立即进入弯腰动作。

丹顶鹤舞蹈的全部生态意义目前尚不十分清楚，但显然并不止是一种求爱行为，而很可能是某种情绪或刺激在特定场合下的外部表现形式。舞蹈的主要动作有伸腰抬头、弯腰、跳跃、跳踢、展翅行走、屈背、鞠躬、衔物等，但姿势、幅度、快慢有所不同。而这些动作及其后续动作，又都有机地结合在一起，如弯腰—伸腰抬头—头急速上下摆动；展翅—伸腰抬头—弯腰；伸腰抬头—弯腰—脚朝下跳跃；展翅弯腰—弯腰行走—颈部和身体呈"八"字形展翅衔物—展翅行走；衔物—跳跃抛物—不变位的体旋转，靠腿力或扇翅做跳跃，弯腰动作等。这些动作大多都有比较明确的目的，例如鞠躬一般表示友好和爱情；全身绷紧的低头敬礼，有表示自身的存在、炫耀、恐吓之意；弯腰和展翅则表示怡然自得、闲适消遣；亮翅有时表示欢快的心情等。

看重"礼物"的北极燕鸥

北极燕鸥是一种可爱而优雅的海鸟，分布于欧洲、非洲西部、亚洲北部、北美洲、南美洲、大洋洲和南极洲等地，栖息于沼泽、海岸等地带。成群活动，以鱼、甲壳动物等为食。它的体长 33～38 厘米。头顶、枕部黑色，上体淡灰色，腰部白色，翅膀尖端黑色。尾羽白色，下体灰色。虹膜黑色，嘴红色，脚红色。

北极燕鸥的繁殖期为 6～7 月。此时，雌燕鸥常向雄燕鸥乞求食物，雄燕鸥对此做出反应的频率被雌燕鸥看作是它做父亲的能力的测量尺度。在繁殖季节开始时，雄燕鸥挥动着轻快的翅膀在鸟巢的聚集地上空盘旋，向配偶展示着自己。每个尖叫着的鸟的血红色的嘴里都衔有一条刚捕捉到的鱼，希望以此吸引尚未进行交配的雌鸟的注意。然而，雄燕鸥在吸引到雌燕鸥的注意前，是不会轻易丢掉得之不易的礼物的，一旦它把礼物贡献给钟情于它的雌鸟，它们在随后的大部分时间将一起生活在繁殖地。此时，雄鸟不停地被吵闹的雌鸟烦扰，雌鸟令雄鸟交出它的捕获物的一大部分给自己。雌鸟作出选择的判断依据，可能就是嘴里含着晃动的银色礼物（小鱼）的雄鸟回到雌鸟身边的频率。在求偶的最后时期里，雌鸟的大部分时间都花在夫妻俩自己的领地里，产下一窝卵并守护着它们，此时雄鸟的捕鱼能力就要经受考验了。为了给它的配偶喂食，它不停地往返于捕食的场所和繁殖地之间。

拓展思考

频　率

频率，是单位时间内完成振动的次数，是描述振动物体往复运动频繁程度的量，常用符号 f 或 v 表示。为了纪念德国物理学家赫兹的贡献，人们把频率的单位命名为赫兹，简称"赫"。每个物体都有由它本身性质决定的与振幅无关的频率，叫作固有频率。频率概念不仅在力学、声学中应用，在电磁学和无线电技术中也常用。

雄鸟在幼鸟刚刚孵化出来以后的那段时间里显得尤为重要，因为那时雌鸟要日夜不停地孵卵，所以雄鸟又一次担当起了鱼虾提供者的角色。大部分的雌鸟都是产 3 枚卵，在条件好的年份里一对燕鸥能够成功地使前两个卵孵化出来。但是第三枚卵的命运通常是安危未定的。刚孵化出的幼鸟能否存活，与供它们在其中进行早期发育的卵的大小、雄鸟喂养家庭的勤劳程度密切相关。它们的生存前景在以下两种情况下会更好些，一是年幼的燕鸥从相对较大的卵内孵化出来，卵的大小能反映出在求偶时期雄鸟对雌鸟的饲喂情况；或者是当这些幼鸟出生后，雄鸟保持一种持之以恒的状态提供鱼。显而易见，这两者是有相互联系的。一只雄性北极燕鸥如果在其配偶的产卵期能够提供良好的食物，那么它在以后的日子里也会是一个出色的食物提供者。许多结合在一起的燕鸥，在求偶时的早期就又分开了，可能是因为雌鸟认为雄鸟的能力弱，不是合格的配偶。

"一雌多雄"的距翅水雉

距翅水雉通常栖息在热带地区的水塘和湖泊中，能够在浮水植物叶片上自由行走、把身体的重量延伸到长脚趾上去分担，因此又得名"轻功鸟"。距翅水雉的前额上长有一块朱红色的斑，羽毛红褐色，具有明亮的金绿色飞羽，在飞翔时更为醒目。由于奇特的繁殖习惯使距翅水雉变得尤为有趣：雌性采取特别极端的一雌多雄的婚配制度，由雄性来承担通常应该由雌性来担负的一切责任和义务。

每只雌距翅水雉都享受着几只雄距翅水雉的服务，雄距翅水雉要做所有的工作。首先是建造水面浮巢，然后是孵卵，一直到卵孵化为止，这要进行将近1个月的时间，最后是喂养幼鸟长达2个月之久。雄鸟成为忠实勤劳的父亲，当幼鸟遇到危险时，它们或者躲在父亲的翅膀下面寻求保护，或者在它们父亲的召唤下沉入水中，只把它们嘴的端部露在外面以保持正常的呼吸。

雌距翅水雉的身体比雄距翅水雉的身体要大将近75%，通常由它们来向心仪的雄距翅水雉求爱，并在同性间为了争夺领地彼此打斗。最成功的斗士是身体最重、具有最大最红的肉裾的个体。前额上带有黄色伤疤的斑可以展示出它的打斗历史。一个凶猛的雌距翅水雉也许能够保卫一块拥有6只雄距翅水雉的领地。在它的领地中，每只雄距翅水雉都有一个属于它自己的、位于植被中的巢，由于它相对比较弱，无法赶走其他入侵的雌距翅水雉。当有雌性入侵者进入它的巢区时，它只有通过发出尖锐的叫声来向它的配偶求助，让雌距翅水雉来保护由它分享的属于它的财产。在一只新的雌距翅水雉接管了它们之后，这些雄距翅水雉最初还会有要驱逐它的尝试，但是这些尝试通常是软弱无力，往往在几个小时之内它们就接受了这个无法逃避的事实，并与它进行交配。这种接管对于被击败的雌距翅水雉来说是个坏消息，因为胜利者将会开始毁掉那些由失败者所产的卵，并且有计划地杀死由前任雌距翅水雉所生的幼鸟，这样，这个胜利者就能立即使那些雄距翅水雉照顾属于它的卵。

事实上，每只雌距翅水雉就像一个可怕的制造卵的工厂，在它的生产线

165

上没有任何限制措施，大约 10 天就可以产 4 枚卵。而雄距翅水雉一旦得到一窝卵之后，就会花 3 个月的大好时光来认真履行做父亲的责任。雌距翅水雉的性潜能会受到限制，那就是同其他雌距翅水雉进行激烈的竞争后可供它利用的雄距翅水雉的数量。

除了产卵之外，雌距翅水雉的行为就像其他种类动物中神气十足的雄性个体一样，它们通常个体较大，侵略性强，多情而不像其他雌性那样对配偶挑剔。另一方面，它们配偶的行为倒像是传统的雌性一体照顾后代、举止温柔。就是因为这种正常的位置被颠倒，所以引出了一个问题：是什么样的特殊环境使这种一雌多雄制的生活方式进化出来？

答案可能就在距翅水雉栖息的具有丰富资源的环境中。湿地是世界上繁殖行为最旺盛的地方，十分潮湿，而且受热带阳光的强烈照射。这里十分肥沃，据测量每平方米土地上可获得的食物的热量，相当于两打巧克力条含有的热量。实际上对于水雉来说，这些地方就像是开放的鸟类的餐桌一样，上面摆满了美食，获取食物是非常容易的。与其他大多数雌鸟不同，雌距翅水雉已经进化成了一种"产卵机器"，在极小的生理压力下大量产卵。从而它们就抓住了繁殖优先权，采取一种不断产卵的繁殖策略，迫使许多雄距翅水雉给它们孵卵，保护幼鸟。

拓展阅读

湿 地

湿地这一概念在狭义上一般被认为是陆地与水域之间的过渡地带；广义上则被定义为"包括沼泽、滩涂、低潮时水深不超过 6 米的浅海区、河流、湖泊、水库、稻田等"。《国际湿地公约》对湿地的定义是广义定义。国际湿地公约采用广义的湿地定义，这一定义包含狭义湿地的区域，有利于将狭义湿地及附近的水体、陆地形成一个整体，便于保护和管理。湿地的研究活动则往往采用狭义定义。

不幸的是，这里没有足够的雄距翅水雉来满足贪婪的雌距翅水雉，因此它们就要为了争夺配偶而进行争斗，正如许多其他种类的雄鸟为了竞争配偶而引起的斗争一样。由此可见个体大、侵略性强的雌距翅水雉可以获得更多

的雄性配偶。

不会飞的鸵鸟

鸵鸟是现存体型最大的鸟类，体重 100 多千克，身高达 2 米多。要把这么沉的身体升到空中，确实是一件难事，因此鸵鸟的庞大身躯是阻碍它飞翔的一个原因。鸵鸟的飞翔器官与其他鸟类不同，是使它不能飞翔的另一个原因。鸟类的飞翔器官主要有由前肢变成的翅膀、羽毛等，羽毛中真正有飞翔功能的是飞羽和尾羽，飞羽是长在翅膀上的，尾羽长在尾部，这种羽毛由许多细长的羽枝构成，各羽枝又密生着成排的羽小枝，羽小枝上有钩，把各羽枝钩结起来，形成羽片，羽片扇动空气而使鸟类腾空飞起。生在尾部的尾羽也可由羽钩连成羽片，在飞翔中起到舵的作用。为了使鸟类的飞翔器官能保持正常功能，它们还有一个尾脂腺，用它分泌油脂以保护羽毛不变形。能飞的鸟类羽毛着生在体表的方式也很有讲究，一般分羽区和裸区，即体表的有些区域分布羽毛，有些区域不生羽毛，这种羽毛的着生方式，有利于剧烈的飞翔运动。鸵鸟的羽毛既无飞羽也无尾羽，更无羽毛保养器——尾脂腺，羽毛着生方式为全部平均分布体表，无羽区与裸区之分，它的飞翔器官高度退化，想要飞起来就无从谈起了。

知识小链接

尾脂腺

尾脂腺是鸟类的一种皮肤衍生物，为羽尾基背部的皮下，是一种全泌腺。禽类经常用喙将尾脂腺分泌物涂抹在羽毛上，使羽毛光润、防水。尾脂腺的分泌物主要是一种能被苏木精染色的颗粒，一般鸟类用喙啄取将其涂抹在羽毛及角质鳞片上，起到保护的作用。

那么鸵鸟的飞翔器官为什么会退化呢？这要从鸟类的起源说起。据推测大约在 2 亿年前，有一支古爬行动物进化成鸟类，具体哪一种爬行动物是鸟类的祖先，尚无定论。随着鸟类家族的繁盛以及逐渐从水栖到陆栖环境的变化，在适应陆地多变的环境的同时，鸟类也发生了对不同生活方式的适应变化，出现了水禽如企鹅，涉禽如丹顶鹤，游禽如绿头鸭，陆禽如斑鸠，猛禽

基本小知识

涉 禽

涉禽是指那些适应在沼泽和水边生活的鸟类。它们的腿特别细长，颈和脚趾也较长，适于涉水行走，不适合游泳。休息时常一只脚站立，大部分是从水底、污泥中或地面获得食物。鹭类、鹳类、鹤类和鹬类等都属于这一类。

如猫头鹰，攀禽如杜鹃和鸣禽如喜鹊等多种生态类型，而鸵鸟是这么多种生态类型的另一种类型——走禽的代表。长期生活在辽阔沙漠，使它的翼和尾都退化，后肢却发达有力，使其能适应沙漠奔跑生活。自然法则是无情的，只能适应而不可抗拒。如果鸵鸟的老祖宗硬撑着在空空荡荡的沙漠上空飞翔，而不愿脚踏实地在沙漠上找些可吃的食物，可能早就灭绝了。退一步讲，如果大自然最早把鸵鸟的老祖宗落户在树林里而不是沙漠上，鸵鸟也许不会成为不会飞的鸟类，但也许它也不会被称之为鸵鸟了。

知识小链接

游 禽

游禽是鸟类六大生态类群之一，涵盖了鸟类传统分类系统中雁形目、潜鸟目、鸊鷉目、鹲形目、鹈形目、鸥形目、企鹅目七项目中的所有种。游禽适合在水中取食，如雁、鸭、天鹅等。喜欢在水上生活，脚向后伸，趾间有蹼，有扁阔的或尖嘴的，善于游泳、潜水和在水中获取食物，大多数不善于在陆地上行走，但飞翔很快。

在新西兰还栖居着一种人们不大熟悉的鸟，这种鸟叫几维，也叫无翼鸟，它的翅膀几乎完全退化，没有任何运动功能，几维无翼，自然也是一种不会飞的鸟了。

坏名声的杜鹃

世界上约有 50 种杜鹃在别的种类的鸟窝里下蛋，这种巢寄生的现象，使杜鹃落得了一个"不愿抚养亲生孩子"的坏名声。其实，生活在印度和美洲大陆的杜鹃，并不是不负责任的父母，对于垒窝筑巢、孵卵和喂养雏鸟的义务，它们都是亲力亲为、尽责尽职的。

奎氏杜鹃中就有在同种中找窝寄生孵卵的个别"懒汉"，并败坏了整个种群的名声。

在北美洲定点繁殖的黄嘴杜鹃，由夫妻共同筑巢。由于雌鸟每个繁殖期能生产 10 个蛋，但下蛋的间隔时间很长，以至于常常会使雏鸟和新生蛋混杂在同一个窝内。喂养雏鸟使雌鸟无暇再顾及孵蛋，却又要把蛋下完。于是黄嘴杜鹃就染上了将蛋寄存在邻居——不同种类的鸟巢的"坏毛病"。

还有的杜鹃从不筑窝。眼见别的鸟住房条件优越，它就会去"占窝为王"。这种不道德的行为倒是促使它们在孵卵、饲喂雏鸟的亲身经历中重新找到了"为鸟父母"的感觉。

非洲生长着一种大斑杜鹃，善于选择"保姆"为它们孵卵、喂养雏鸟。一旦小鸟羽丰振翅，大斑杜鹃又会把自己的子女从"保姆"手中领走，按照固定的模式养育后代。

生活在俄罗斯的杜鹃在生儿育女方面，获得了 150 种鸟的无私援助。但每个鸟窝只寄养一个蛋。它们善于选择蛋的大小与色泽和自己相类似的鸟种作为养父养母的"最佳人选"。

鸟巢中的"羽绒厂"

生长在北方海域中的岛屿或海岸边陆地上的、野生的绒鸭身上的绒毛柔和细软、手感极好，是羽绒中难得的珍品。

每逢垒窝筑巢期到来的时候，绒鸭总会情不自禁用嘴将胸部和腹部的优

可爱的飞鸟

质绒毛拔下来，用来精心铺垫它们的爱巢。在绒鸭的蛋生出来之前，人们是绝不会从巢中取走绒毛的。人们对它们采取一种友好、保护的积极态度，每年总不会忘记在绒鸭筑巢之前为它们准备场地，并将猎杀绒鸭和偷吃鸭卵的狐狸和猛禽消灭干净，甚至连狗也被禁止进入绒鸭栖息的岛屿。直到雏鸭即将孵化出来之前，也就是绒毛尚未被刚出壳的鸭污染之前，人们就开始收获鸭绒了。每个巢能得到 20 ~ 50 克极其珍贵的羽绒。对于巢中只剩下为数不多的绒毛，雌绒鸭绝不会气急败坏，它们会找来一些干燥的水藻将鸟巢重新铺垫舒适，或者再从自己的身上拔下些绒毛来。当然，动员雄绒鸭"捐献"些绒毛也不是没有可能的。即使鸭绒被人取走了，绒鸭妈妈仍然会想方设法为它们那刚出世的小宝宝创造一个舒适暖和的安乐窝。

雌性绒鸭不仅对其儿女充满爱心，同时也与人类保持着和睦相处、礼尚往来的友好关系。对于关照它们生儿育女并积极创造和平生态环境的人们，绒鸭用不着再存有戒备心理了。它们与人类越来越亲切的关系，意味着有朝一日绒鸭将成为家禽中的新成员。

空中的强盗

南极贼鸥是地球上在最南纬度发现的鸟类，在南极点上曾有其出现的记录。在南半球有南极及亚南极两种贼鸥，具体身高分别约是 53 ~ 63 厘米左右，前者的体型略小且有较浅白色的羽毛，不同于亚南极种贼鸥，它们通常成对活动，在夏日繁殖，每次会产 2 个蛋，孵化期约为 27 天，但是经常只有 1 只幼鸟能存活。冬季时，它们活跃于海上，甚至可能到北太平洋的阿留申群岛。贼鸥以企鹅蛋或如海鸥等其他海鸟及磷虾为食，它们亦会两两共同合作，即一只在前头引开欲攻击之企鹅，另一只在后头取其蛋因而得其名为"贼鸥"。

贼鸥是企鹅的大敌。在企鹅的繁殖季节，贼鸥经常出其不意地袭击企鹅的栖息地，叼食企鹅的蛋和雏企鹅，闹得鸟飞蛋打，四邻不安。

贼鸥好吃懒做，不劳而获，它从来不自己垒窝筑巢，而是采取霸道手段，抢占其他鸟的巢窝，驱散其他鸟的家庭，有时，甚至穷凶极恶地从其他鸟、

兽的口中抢夺食物。一填饱肚皮，就蹲伏不动，消磨时光。

懒惰成性的贼鸥，对食物的选择并不挑剔，不管好坏，只要能填饱肚子就可以了。除鱼、虾等海洋生物外，鸟蛋、幼鸟、海豹的尸体甚至鸟兽的粪便等都是它的美餐。考察队员丢弃的剩余饭菜和垃圾也可以成为它的美味佳肴。在饥饿之时，它甚至钻进考察站的食品库，像老鼠一样，吃饱喝足，临走时再捞上一把。

更可恶的是，贼鸥给科学考察者带来很大的麻烦。在野外考察时，如果不加提防，随身所带的野餐食品，会被贼鸥叼走，碰到这种情况，人们只能望空而叹。当人们不知不觉地走近它的巢地时，它便不顾一切地袭来，叽叽喳喳地在头顶上乱飞，甚至向人们俯冲，又是抓，又是叫，有时还向人们头上拉屎，大有赶走考察队员、摧毁科学考察站之势。

贼鸥的飞行能力较强，或许是由于长期行盗锻炼出来的吧。据说，南极的贼鸥也能飞到北极，并在那里生活。

在南极的冬季，有少数贼鸥在亚南极南部的岛屿上越冬。中国南极长城站周围就是它的越冬地之一，那里到处是冰雪，不仅在夏季几个月里裸露的那些小片土地被雪覆盖，而且大片的海洋也被冻结。这时，贼鸥的生活更加困难，没有巢居住，没有食物吃，也不远飞，就懒洋洋地待在考察站附近，靠吃站上的垃圾过活，人们称它为义务清洁员。

◆拓展阅读◆

南 极

南极被人们称为第七大陆，是地球上最后一个被发现、唯一没有土著人居住的大陆。南极大陆的总面积为1390万平方公里，相当于中国和印巴次大陆面积的总和，居世界各洲第五位。整个南极大陆被一个巨大的冰盖所覆盖，平均海拔为2350米，南极洲蕴藏的矿物有220余种。

可爱的飞鸟

171

孵蛋的雄企鹅

在庞大的动物世界中，雌性生儿育女似乎是一种本能和天职，人们对这种天经地义的事情也早已习以为常了。然而，帝企鹅却打破了常规，创造了雄企鹅孵蛋的奇迹，这不能不说是动物界的一大奇观。

雌企鹅在产蛋以后，立即把蛋交给雄企鹅。从此，雌企鹅的生育任务就告一段落了。事隔一两日，雌企鹅放心地离开了温暖的家庭，跑到海里去觅食、游玩和消遣了。因为它在怀孕期间差不多 1 个来月没有进食，精神和体力的消耗十分严重，也该到海里去休息一下，饱餐一顿，恢复体力了。

孵蛋对雄企鹅来说的确是一项艰巨的任务。因为企鹅的生殖季节，正值南极的冬季，气候严寒，风雪交加。企鹅的生殖期选在南极冬季，是因为冬季敌害少一些，能提高繁殖率，同时，到小企鹅生长到能独立活动和觅食时，南极的夏天就来临了，小企鹅可以离开父母，过自食其力的生活了，这也是企鹅适应南极环境的结果。

在孵蛋期间，为了避寒和挡风，几只雄企鹅常常并排而站，背朝来风面，形成一堵挡风的墙。孵蛋时，雄企鹅双足紧并，肃穆而立，以尾部作为支柱，分担双足所承受的身体重量，然后用嘴将蛋小心翼翼地拨弄到双足背上，并轻微活动身躯和双足，直到蛋在脚背停稳为止。最后，从自己腹部的下端套拉下一块皱长的肚皮，像安全袋一样，把蛋盖住。从此，雄企鹅便弯着脖子，低着头，全神贯注地凝视着、保护着这个掌上明珠，竭尽全力、不吃不喝地站立 60 多天。一直到雏企鹅脱壳而出，它才能稍微松一口气，轻轻地活动一下身子，理一理蓬松的羽毛，鼓一鼓翅膀，提一提神，又准备完成护理小企鹅的任务。

刚出生的小企鹅不敢脱离父亲的怀抱擅自走动，仍然躲在父亲腹下的皱皮里，偶尔探出头来，望一望父亲的四周，窥视一下周围冰天雪地的陌生世界，很快就把头缩回去了。雄企鹅看到那初生的小宝贝，露出了幸福美满的笑容。1 周之后，小企鹅才敢在父亲的脚背上活动几下，改变一下位置。在这期间，小企鹅没有食吃，只靠雌企鹅留给它体内的卵黄作为营养，维持生命，

所以经常饿得喳喳叫，甚至用嘴叮啄雄企鹅的肚皮。然而，小企鹅哪里知道，在长达3个月的时间里父亲所受的苦难和付出的代价：冒严寒顶风雪，肃立不动，不吃不喝，只靠消耗自身贮存的脂肪来提供能量和热量，保证孵蛋所需要的温度，同时维持自己最低限度的代谢。在孵蛋和护理小企鹅期间，一只雄性帝企鹅的体重要减少10～20千克，即将近体重的二分之一。

雌企鹅自从离别丈夫之后，在近岸的海洋里，玩够了，吃饱了，喝足了，怀卵期的损耗也得到了弥补，又变得心宽体胖，精神焕发。一想到它的宝贝快要出世了，便匆匆跃上岸来，踏上返回故居之路，寻找久别的丈夫和初生的孩子。然而，此时此刻，雌企鹅可曾想到，它的家庭成员是祸还是福，是凶还是吉？

雄企鹅孵蛋的孵化率很难达到100%，高者达80%，低者不到10%，甚至有"全军覆没"的惨象发生。这倒不是由于雄企鹅的"责任"事故，也不是由于它孵蛋的经验不足、技术不佳，主要是由于恶劣的南极气候和企鹅的天敌所致。

知识小链接

风　暴

风暴泛指强烈天气系统过境时出现的天气过程，特指伴有强风或强降水的天气系统，例如：雷暴、飑线、龙卷风（海上的称为龙吸水）、台风、热带气旋、热带风暴等。

造成灾害的气候因素有两个，一是风，二是雪。企鹅孵蛋时若遇上每秒50～60米的强大风暴，就难以抵挡，即使筑起挡风的墙也无济于事。可以想象，强大风暴能刮走帐篷，卷走飞机，使建筑物搬家，把一二百千克重的物体抛到空中，更何况小小的企鹅呢！遇到这种天灾，只能落得鹅翻蛋破，幸者逃生。特别是雪暴，即风暴掀起的强大雪流，怒吼着、咆哮着、奔腾着、横冲直撞地袭击着一切，孵蛋的企鹅不是被卷走就是被雪埋，幸存者屈指可数。

企鹅的天敌也有两个，一是凶禽——贼鸥，二是猛兽——海豹。虽然，

可爱的飞鸟

企鹅选择在南极的冬季进行繁殖，是为了避开天敌的侵袭，但是，天有不测风云，企鹅也有旦夕祸福。冬季偶尔也会有天敌出没，万一孵蛋的企鹅碰上这些凶禽、猛兽，也是凶多吉少，不是企鹅蛋被吞，就是蛋碎。这种悲惨景况时有发生。

叫声恐怖的夜行性鸟类：仓鸮

仓鸮又叫猴面鹰、猴头鹰等，是中型鸟类。体长为 34～39 厘米，体重 485 克左右。头大而圆，面盘为白色，十分明显，呈心脏形，四周的皱领为橙黄色，上体为斑驳的浅灰色及橙黄色，并具有精细的黑色和白色斑点。下体为白色，稍沾淡黄色，并具有暗褐色斑点。尾羽上具有 4 条黑色的横斑。虹膜黑色，嘴肉白色，跗跖灰黑色，爪黑色。

仓鸮主要分布于亚洲西部、南部和东南部、欧洲、大洋洲、非洲以及北美洲、南美洲和中美洲等地，几乎遍及全球，共分化为 35 个亚种，但是在我国仅有 2 个亚种，即云南亚种和印度亚种。二者的区别主要是云南亚种面盘白色，下体白色而缀有皮黄色，上体灰色而缀有棕色；而印度亚种面盘为污白色，上体灰色更

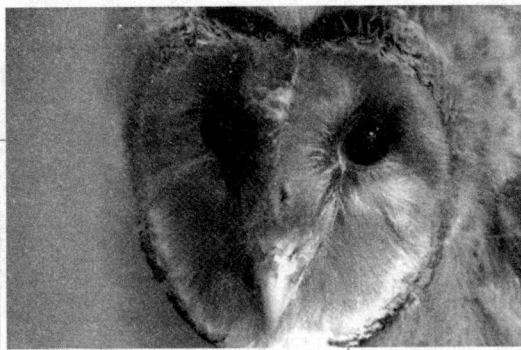

猴面鹰

多，下体为洁白色，不沾皮黄色。它们的分布区都极为有限，而且非常罕见，其中云南亚种仅于 1962 年首次记录于云南勐海，印度亚种仅于 1978 年在昆明采到 1 只雄鸟标本。

仓鸮栖息于开阔的原野、低山、丘陵以及农田、城镇和村庄附近森林中，喜欢躲藏在废墟、阁楼、树洞、岩缝和桥墩下面，特别喜欢在农家的谷仓里栖息，所以得名。常单独活动，白天多栖息于树上或洞中，黄昏和晚上才出

来活动，有时出没于破宅、坟地或其他废墟中。飞行快速而有力，毫无声响，在黑夜中显得影影绰绰，再加上它的叫声非常难听，很像人在受酷刑时发出的惨叫，所以常常使人们对它感到非常的恐惧。它们主要以鼠类和野兔为食，是著名的捕鼠能手，每天大约捕捉3只老鼠，一年消灭鼠类1000只以上。此外，有时也捕猎中小型鸟类、青蛙和较大的昆虫等，偶尔也能像鹗一样捕鱼。捕猎时采取突然袭击的方式，同时发出尖厉的叫声，使猎物陷于极度恐怖之中，束手就擒。

戴着头盔的大鸟：双角犀鸟

双角犀鸟是大型鸟类，也是我国所产犀鸟中体型最大的一种，体长达120厘米左右。雄性成鸟长着一个30厘米长的大嘴和一个大而宽的盔突，盔突的上面微凹，前缘形成两个角状突起，如同犀牛鼻子上的大角，又好像古代武士的头盔，非常威武，因此得名双角犀鸟。上嘴和盔突顶部均为橙红色，嘴侧橙黄色，下嘴呈象牙白色。它的颊、额和喉等部位均为黑色，后头、颈部为乳白色，背、肩、腰、胸和尾上的覆羽都是黑色，腹部及尾下的覆羽为白色。翅膀也是黑色，但翅尖为白色，还有明显的白色翅斑，极为醒目。尾羽为白色，但靠近端部有黑色的带状斑。腿灰绿色并沾有褐色，爪子几乎为黑色。雌鸟的羽色和雄鸟相似，只是盔突较小。有趣的是雄鸟眼睛内的虹膜为深红色，雌鸟的却是白色，在它们的眼睛上还生有粗长的睫毛，这是其他鸟类所少见的。

双角犀鸟

可爱的飞鸟

双角犀鸟主要栖息于海拔 1500 米以下的低山和山脚平原常绿阔叶林，尤其喜欢靠近湍急溪流的林中沟谷地带。它在繁殖期间常单独活动，而在非繁殖期则喜欢成群活动于高大的榕树上。每到果实成熟的季节，犀鸟群大多固定在一个地点取食，直到吃光了所有的食物才更换新的取食地点。它们也常常成群飞行，一个接一个地前后鱼贯前进。飞翔时速度不快，姿态也很奇特，头、颈伸得很直，双翅平展，做几次上下鼓动后，便靠滑翔前进，然后再鼓动几下翅膀，如此反复进行，如同摇橹一般。由于翼下的覆羽未能掩蔽飞羽的基部，所以在飞行时飞羽之间会发出很大的声响。它在鸣叫时，颈部垂直向上，嘴指向天空，发出粗厉、响亮的叫声。日落时，便飞到为密集的叶簇所遮蔽的大树顶上过夜。

双角犀鸟的食量很大，食性也很杂，主要以各种热带植物的果实和种子为食，有时候吃较大的昆虫以及爬行类、鼠类等动物性食物。一般在树上觅食，也有时在地上。犀鸟的大嘴看起来很笨重，实际上它既是犀鸟的工具又是犀鸟的武器，使用起来非常灵巧，它可以轻松自如地采摘浆果，轻而易举地剥开坚果，还能得心应手地捕捉鼠类和昆虫。

每年的 3～6 月是双角犀鸟的繁殖期，犀鸟大多是选择森林中的菩提树等高大乔木上的天然树洞，对其进行加工和修整之后作为自己的巢穴。每窝产卵通常为 2 枚，少数为 1 枚或 3 枚。卵刚产出时为纯白色，以后变为淡皮黄色或皮黄褐色。雌鸟承担孵卵，孵化期大约为 31 天，雏鸟为晚成性。雌鸟在孵卵期间用自己吃剩下

拓展阅读

阔叶林

阔叶林由阔叶树种组成的森林称阔叶林，有冬季落叶的落叶阔叶林（又称夏绿林）和四季常绿的常绿阔叶林（又称照叶林）两种类型。阔叶林的组成树种繁多，中国的经济林树种大部分是阔叶树种，它除生产木材外，还可生产木本粮油、干鲜果品、橡胶、生漆、五倍子、药材等产品；壳斗科许多树种的叶片还可喂饲柞蚕；蜜源阔叶树也很丰富，可以开发利用。

的食物残渣和粪便混合后堆积在洞口，将洞口封闭缩小，同时雄鸟也在外面用它的大嘴衔泥，并混合果实、种子和木屑将洞口封闭，仅留一个小孔让雌鸟嘴端能够伸出，颇有点"金屋藏娇"的意味。雌鸟在洞中孵卵、育雏，既安全又舒适，不怕风吹日晒，还有利于保护雏鸟免遭蛇类、猴类和猛禽等的威胁和侵害。雌鸟和雏鸟排便时，把肛门对准洞口，直接喷射出去，雌鸟还不时地用嘴将洞内的污物清除出洞口，以保持洞内的清洁。雌鸟在雏鸟孵出后还要进行一次彻底的换羽，这时几乎没有飞翔的能力，换羽之后，便将洞口的封闭物啄破，与长大的雏鸟一起飞出来。整个孵卵、育雏期间的食物，全由雄鸟供给。为了使"娇妻爱子"都能得到充足的食物，雄鸟必须一次又一次地飞到外面觅食。这时，雄鸟还会将自己砂胃中的一层壁膜脱落下来，吐出体外，形成一个薄囊，它就用这个薄囊临时贮存觅到的浆果、坚果等食物，带回巢中。如果雌鸟没有伸出嘴来迎候，雄鸟便用嘴轻轻地敲打树干，通知雌鸟取食。因此，到繁殖期结束的时候，雌鸟和雏鸟都长得很肥胖，而雄鸟却累得筋疲力尽、瘦骨嶙峋。

知识小链接

浆 果

由子房或联合其他花器发育成柔软多汁的肉质果。浆果类果树种类很多，如葡萄、猕猴桃、草莓、树莓、醋栗、越橘、果桑、无花果、石榴、杨桃、人心果、番木瓜、番石榴、蒲桃、西番莲等。

"倒行逆施"的蜂鸟

要说是鸟却不会飞，这会令人奇怪，但要讲能飞的鸟类中，还有会倒着飞的，那就更稀罕了，蜂鸟就是这种专门"倒行逆施"的飞鸟。

蜂鸟是世界上最小的鸟类，身体只比蜜蜂大一些，它的双翅展开仅3.5

厘米，因此，蜂鸟只能像昆虫那样，用极快的速度振动双翅才能在空中飞行，它们翅膀振动的速度达每秒 50 次。蜂鸟不仅能倒退飞行，而且还能静止地"停"在空中，当它"停"在空中时，它用自己的细嘴吸取花中的汁液或是啄食昆虫，这时在它身体两侧闪动着白色云烟状的光环，并发生特殊的嗡嗡声，这是蜂鸟在不停地拍着它的双翅而产生的光环和声响。蜂鸟的嘴细长，羽毛鲜艳，当它在花卉之间飞舞时，像是跳动着的一只小彩球，非常

蜂　鸟

好看。

　　所有鸟类都有一个共同的特点，就是新陈代谢非常快，而这种微小的蜂鸟表现得更突出。它的正常体温是 43℃，心跳每分钟达 615 次。每昼夜消耗的食物重量比它的体重还多一倍。蜂鸟有 300 多种，绝大多数都生活在中美洲和南美洲。

基本小知识

新陈代谢

　　新陈代谢是生物体内全部有序化学变化的总称，其中的化学变化一般都是在酶的催化作用下进行的，包括物质代谢和能量代谢两个方面。物质代谢是指生物体与外界环境之间物质的交换和生物体内物质的转变过程；能量代谢是指生物体与外界环境之间能量的交换和生物体内能量的转变过程。

鸟的"造卵机器"

鸟类（尤其是家禽）的卵巢和输卵管真是太神奇了！试想，仅一点点大的生殖器官，却能一而再，再而三，源源不断地生产鸟卵。例如卵用鸡每年能产 15 千克卵，鹌鹑差不多每天都能产一个卵，就像工厂里的机器出产一样，这不是一件很惊人的事吗？

鸟卵不仅产得多，而且还产得大。大家都知道，大象跟小麻雀的体型大小是相差很大的。可是大象的卵细胞小得肉眼看不见，小麻雀的卵（指卵黄，即卵细胞）却大如豌豆粒。有人对多种动物的卵进行了观察研究，发现哺乳动物的卵，其直径约在 80～200 微米；昆虫卵的直径为几毫米；鸡卵的直径达 3.5 厘米，鸵鸟卵的直径则达到 12 厘米左右。还有一种已经绝种的象鸟，它的卵比鸵鸟卵还要大 6 倍呢！

鸟卵大，所含的营养物质多，这对胚胎的发育是很有利的。

知识小链接

胚 胎

胚胎是专指有性生殖而言，是指雄性生殖细胞和雌性生殖细胞结合成为合子之后，经过多次细胞分裂和细胞分化后形成的有发育成生物成体的能力的雏体。一般来说，卵子在受精后的 2 周内称孕卵或受精卵；受精后的第 3～8 周称为胚胎。

鸟类内部"造卵机器"在结构上有个很有趣的特点，就是卵巢和输卵管"一边倒"。仅左边的卵巢和输卵管发达，右边的卵巢和输卵管退化了。

在非生殖季节，卵巢好像是许多细小的颗粒被一层薄膜包着（在这个时节，雄鸟的精巢也是很细小的）是不明显的。可是一到了生殖季节，卵巢就明显地胀大起来。

观察鸡的卵巢，可以明显看到卵有大有小，这说明卵巢里的卵是一个一个成熟的。成熟的卵通过输卵管前端的喇叭口进入宽大的输卵管，如果输卵管里有进入的精子，就在输卵管的上端进行受精作用。

卵成熟之后慢慢地在输卵管里下行，在下行的过程中，逐渐被输卵管所分泌的蛋白包裹起来，裹上了晶润的外表。

当成熟的卵经过子宫（输卵管下端）时，又被包上了两层壳膜，最后包上一层卵壳，由泄殖腔产出。

广角镜

鸡蛋的气室

每个鸡蛋壳内都有一块空的地方，没有蛋液，这个结构叫气室，它主要有两个作用。当蛋被孵化的时候，还没有出壳的小鸡要呼吸空气，在蛋壳上有7000多个肉眼看不见的小孔，大多分布在气室附近，外面的空气通过小孔能进入鸡蛋壳内，并贮存在气室里，供未出壳的小鸡呼吸；在外界温度的影响下，蛋液的体积会出现热胀冷缩的现象，有了这个气室，蛋液的体积增大时，蛋壳就不会被胀破了。

各种鸟类的卵在构造上基本相同。中央有卵黄，卵黄表面有个白色的小点，如果受了精，这就是胚盘（即开始发育的胚胎）。蛋白中有形似绳子的卵带，能使卵黄固定在蛋白中央。蛋白与卵壳之间有壳膜，是由两层合成。在卵的钝端，两层壳膜分开，中间为气室。

卵壳是一种很奇妙的结构。卵壳表面有数千个小孔以保证孵化期的气体交换。此外凸面向外的卵壳很耐压，有很好的保护作用。我国古代的石拱桥、现代的有些薄壳结构建筑，就是受卵壳、贝壳之类的启发而设计的。

鸟类的"方言"

完善的通信系统是指它所传递的信号是明确的，不存在随机反应。动物通信中所发现的对完善通信的偏离主要有两个方面。首先是"方言"的产生，由于它们的信号的特殊性质，一些个体间的信号不同于同种类的其他个体之间的通信信号；其次是交叉反应性，即一种动物的信号同样可以引起其他种

动物的反应。

许多动物的通信系统中使用"方言"。尽管对这个问题的精确研究还不多。已报道的例子主要见于三类动物：鸟类、哺乳类及昆虫。它们都是最大限度利用了通信信号的动物。

不同地区的鸟类学家，都可以从他们的经验中举出例子来表明同一种鸟的鸣叫或召唤声是有区别的。磁带录音机帮助我们对不同地理区域的同一种类鸟的鸣叫加以记录和收集以进行比较及物理分析，从而对鸣叫的区别进行更加严格的研究。

某些种鸟类的领域性鸣叫在个体出壳后就完整地固定了。在这些鸟类中，即使地理分布很广，同种类鸟的鸣叫形式却很少有改变。但另外一些鸟类，只有它们鸣唱歌声的基本调型是先天性的，而大部分内容皆系模仿习得。在这种情况下，不同地理区域的鸣叫差别便导致"方言"的产生。

例如生活在美国加利福尼亚三个不同地理区域的白冠麻雀就有方言。个体彼此间的地理分布分离得越远，它们方言差异也就越大。在夏威夷群岛上栖居的一种鸟也存在着类似情况。正如所料，夏威夷群岛的不同岛屿发现了不同的方言。科埃群岛是地理上孤立的一群岛屿，其中在相距只有 10 千米的不同岛屿上，鸟的鸣叫就稍有不同了。

鸟类复杂的歌声为变异提供了丰富的机会。甚至对那些性质上很简单的鸣唤信号也会随地方不同而不同。例如，在美国缅因州所记录的海鸥的鸣叫，栖于荷兰和法国的同一种鸟就听不懂了。基于其他一些特点，一般都承认海鸥起源于阿拉斯加，从这个发源地向

拓展阅读

变异

变异是指生物体子代与亲代之间的差异，子代个体之间的差异的现象，是生物有机体的属性之一。变异分两大类，即可遗传变异与不可遗传变异。现代遗传学表明，不可遗传变异与进化无关，与进化有关的是可遗传变异，前者是由于环境变化而造成，不会遗传给后代，如由于水肥不足而造成的植株瘦弱矮小；后一变异是由于遗传物质的改变所致，其方式有突变（包括基因突变和染色体变异）与基因重组。

可爱的飞鸟

两个方向散布到全球。因此，根据这个基础，为太平洋所隔开的两群海鸥，若从共同的遗传物质基础来说，它们一定是大不相同的两个种。

跟同一个种类之内产生了不同的信号这一事实相一致的是，同一种族的不同个体，对同一信号也会产生不同反应。因此，某些个体发展到对广泛的信号产生反应，不仅能懂得它们自己周围地理区域的成员的信号，而且对其他群体的也能产生反应。另一方面，某些个体的反应变成局限的，只对该地区的同种类的成员的信号产生反应。某些鸟类学习对同一种类中的许多群的个体信号产生反应，甚至在和其他种类的鸟类和善相处的中间也学会了对它们的信号产生反应，而另一些鸟类的反应则变成高度局部地方性的。

缅因州的东方乌鸦似乎也是这种情况。它们只能遇到同一区域的乌鸦，所以只对它们的特殊信号产生反应。另一方面，在美国东南部诸州的东方乌鸦，它们从夏天到冬天在沿岸上下能遇到近亲的其他种类，如食鱼乌鸦等，因此对范围广泛的鸣叫能产生反应。

边吃边玩的巨嘴鸟

别看巨嘴鸟的体长只有 60 厘米，光它的大嘴就占了 24 厘米，嘴的宽度竟达 9 厘米，嘴长超过体长的 1/3。因为嘴大得出奇，所以叫巨嘴鸟。

巨嘴鸟的嘴不仅大，而且多具色彩鲜艳的花饰，极为引人注目。它嘴的上半部是黄色，略带淡绿色，下半部蔚蓝色，嘴尖则是一点殷红，再配上在眼睛四周一圈天蓝色的眉毛、橙黄色的胸脯、漆黑的背部，组成一身五彩缤纷的体羽，十分美丽。每当黄昏或雨过天晴时，巨嘴鸟就会栖身在高高的树枝上，一展它那并不太动听的歌喉，重复地叫着"咕——嘎——嘎"，叫声在森林里传得很远。

巨嘴鸟的食性很杂，不仅吃植物的果实、种子，也吃昆虫。它的吃食动作与其他的鸟类也略有不同。它总先用坚硬的嘴及其锯齿般的边缘，将植物果实啄开，把食物啄成一块块的，然后用嘴尖啄起一大块，仰起头来，顽皮地把食物向上一抛，再张大嘴巴，准确地将食物接入喉咙里，得意扬扬地将它们吞下。

分巢而居的织布鸟夫妇

在我国云南省西双版纳傣族自治州的几个保护区内，生活着一种会织布的鸟儿，人们给它起了一个好听的名字：织布鸟。

织布鸟的外貌和麻雀差不多，在生殖期间，雄鸟头顶和胸部羽毛变成黄色，面颊和喉部变成暗棕色，显得更漂亮些，雌鸟在生殖期间羽毛颜色并不改变。

勤劳的织布鸟，用植物纤维把撕剥下来的大叶片，拴牢在高大的榕树或者贝叶棕上，然后，雄雌两鸟，一里一外，一引一牵，认真缝连起来；最后，里外涂上泥巴，一个风雨不透的鸟巢便完成了，样子像一个个葫芦。

有趣的是，织布鸟并不是雌雄同巢而居，而是各有卧室的。雄鸟的风格比较高，它总要先帮雌鸟把巢做好之后，再和雌鸟一起筑自己的巢。所以，凡是挂着织布鸟巢的树上，至少是有2个；有2个葫芦高挂空中，就说明这里住着一对织布鸟。

神奇的秘书鸟

在非洲，有一种样子独特的鸟：它体高近1米，羽毛大部分为白色，嘴似鹰，腿似鹭；中间两根尾羽极长，达60多厘米，如同两条白色飘带。因为它们头上长着几根羽笔一样的灰黑色冠羽，很像中世纪时帽子上插着羽笔的书记员，所以人们称它秘书鸟，其实它的学名叫蛇鹫。

有些鸟类学家曾同秘书鸟做过这样的"游戏"：他们骑在马上向秘书鸟冲过去，这时秘书鸟便放开大步疾奔逃跑，它们的奔跑速度之快为奔马所不及。但秘书鸟在同奔马赛跑时，体力稍有不济，它们很快就会疲劳。可是，奔马冲来时它们干吗不飞，难道它们不会飞吗？不，秘书鸟会飞，而且飞得很快。只不过它们好像不愿飞行，被奔马追赶时，它们宁愿在地上快跑。鸟类学家对此大惑不解，因为它们的确飞得不错呀！飞行时，它们颈向前伸直，长腿

秘书鸟

向后并拢，长长的两根尾羽飘带般的飞舞，如同仙女飞天一样。时至今日，鸟类学家仍在对秘书鸟"不愿飞"的问题做细致的研究，但收获甚少。

秘书鸟的另一惊人之处在于它们擅长捕蛇。有时，蛇太大，不能一举使它毙命。秘书鸟便叼起蛇飞向天空，在高空上松开嘴，让蛇摔到坚硬的地面上，一命呜呼。甚至小秘书鸟也精于捕蛇之术，有时它们还把蛇当作"玩具"嬉戏。专家们认为，秘书鸟脚表面有很厚的角质鳞片，这是防备毒蛇利齿的最好的铠甲。再者，秘书鸟的腿很长，很难被蛇缠住身体。这些都是秘书鸟捕蛇的有利条件。

秘书鸟的行动也很灵活。一位摄影师曾在东非的一条公路旁偶然发现一只秘书鸟在做"空翻"动作，他拍下了这组珍贵的镜头。这只秘书鸟在做什么"表演"呢？原来，这只落在地上的秘书鸟正把一个草团抛向空中，接着它腾空而起，在空中翻了一个漂亮的筋斗，然后双足落地，挺直身体。起初，这位摄影师以为这是一只雄秘书鸟在向雌秘书鸟炫耀求爱。可是，除了这只秘书鸟外，周围并无其他秘书鸟，并且，鸟类学书籍中也没有记载秘书鸟会用"舞蹈"的形式"求爱"。那么，这只秘书鸟在干什么呢？摄影师百思不得其解。于是，他带着照片请教了当地的鸟类学权威。这些鸟类学家们认为，照片上记录的这只秘书鸟，当时可能是在躲避草团中一条没被抓牢的蛇，而并非在"求爱"。

"恶作剧者" ——伯劳

伯劳是广泛分布于欧洲、亚洲、北美洲和大洋洲等地的一类小鸟，它们的嘴大而强，呈侧扁形，上嘴的先端具有钩和缺刻，嘴须比较发达，甚至将鼻孔或多或少地遮盖起来。翅膀大都短圆形，上面有 10 枚初级飞羽和 12 枚呈凸形的尾羽。它们的腿脚也很强健，趾上的爪还具有锐利的钩。

棕背伯劳的个子不大，只比麻雀稍微大一点儿。它的头顶和上背呈美丽的淡灰色，前额和眼部周围浓黑色，上体的其余部分棕红色，下体白色，翅和尾黑色。红尾伯劳和虎纹伯劳的个子比棕背伯劳略小点，前者背部灰褐，腹部羽色棕白，尾羽有棕红色泽，后者的翅上有黑色的"虎斑"。伯劳虽然属于鸣禽，但又有一些似猛禽的特征，尤其是它们的嘴很强大，上嘴的先端钩曲如鹰嘴，爪也强健有力。平时伯劳主要栖息在树梢、电线等高处，东瞧西望，一发现食物就急冲捕食。它们的食物主要是大型的昆虫以及蛙类、蜥蜴类等，有时甚至能捕杀比它身体还大得多的鸟类和兽类。

伯劳的性情非常凶猛残忍，鸣声尖锐凄厉。它们有一个很特殊的习性，就是往往将猎取的小动物贯穿在荆棘、细的树枝甚至铁丝网的倒钩上，然后用嘴撕食。有时，它们已经将捕获的昆虫、青蛙或蜥蜴等贯穿在没有长树叶的树枝上，但事后却忘记了来撕食，经过风吹日晒之后，这些小动物就变成了干瘪的尸体。过些时候，树枝梢上长出了分枝和绿叶，就出现了一种非常奇怪的现象：在一条树枝上穿着几只昆虫、青蛙或蜥蜴之类的又干又瘪的尸体，而枝梢上却长出了繁茂的细枝和绿叶。这个"恶作剧"的做法又残忍又奇怪。残忍的是，这种"暴尸示众"的做法，确实太使人触目惊心；奇怪的是，树枝头明明长着分枝和绿叶，小动物的尸体是很难穿进去的，使得不明真相的人们众说纷纭。有些迷信的人甚至说这都是一些短命鬼干的事，因为短命鬼是幼年夭亡的鬼，免不了也有点孩子气，所以喜欢搞些淘气事。

可爱的飞鸟

单独行动的交嘴雀

　　一般鸟类都选择在春暖花开的季节生儿育女，而交嘴雀却与众不同，偏偏选择在夏天和寒冬时节。交嘴雀把鸟巢构筑在枫树上。冬季，不管是冰霜雪雨，抑或是寒风刺骨，交嘴雀的雌鸟都会忠于职守地在鸟巢中孵卵，雄鸟则留守在距鸟巢不大远的地方，发出婉转的鸣叫，如同在欢唱着一支春天里的歌，又像是在给孵卵的雌鸟鼓劲、加油。正由于它们夫妻双双同心同德，心诚所至，它们居然在零下二三十摄氏度的严寒中孵化出了雏鸟，创造出了一个动物世界的生命奇迹。

　　交嘴雀从不给幼鸟喂食昆虫，只是给雏鸟喂一些素食——将松果及其他球果的种子用嘴弄碎后喂给它们。

　　交嘴雀是由它那别致的喙而得名的，它的嘴尖端弯曲，上下两片交叉呈"钳子"状，这种精妙的嘴形设计，使它们将种子从球果中剜出来时是那样地得心应手。交嘴雀不仅对繁殖期的选择很特别，在树上的活动方式也十分新奇。它们在枞树或松树上，常常以一种头朝地的倒挂姿势在枝干上爬行，有点儿像鹦鹉，爬行不仅用爪子，连喙也起了辅助作用。交嘴雀年轻的时候并不漂亮，毛色棕绿，年纪大的时候，倒是"老来俏"了。雄鸟的羽毛成了红色，雌鸟也披着鲜亮的黄绿色羽毛了。

微生物的世界

SHENGWUQUAN DA JIEMI

从进化的角度，微生物是一切生物的老前辈。如果把地球的年龄比喻为一年的话，则微生物约在3月20日诞生，而人类约在12月31日晚上7时许出现在地球上。微生物是一切肉眼看不见或看不清的微小生物，个体微小，结构简单，通常要用显微镜才能看清楚的生物。可不要小看这个微生物的世界，细菌能在3千米的冰层下存活长达10万年，有以吃铁为生的神奇微生物，有一种罕见菌类竟能产生天然柴油，还有传布"嗜睡症"的原生动物。更多的趣事还在后面呢！

墨西哥真菌之谜

16 世纪的时候，墨西哥南部山区一个偏僻的小村庄里，来了一位名叫萨古那的西班牙传教士。当地的阿兹台克人和萨古那交起朋友来了，他们不再把萨古那当外人看待。可是，村子西头有一间神秘的茅屋，当地人说什么也不让萨古那接近。那儿隐藏着什么不可告人的秘密呢？萨古那决心去探个究竟。

一天夜晚，萨古那发现，邻居们都不知到哪儿去聚会了。他悄悄地来到那间神秘的茅屋前。屋子里传出了一阵阵鼾声，萨古那硬着头皮把门推开了。他一下子怔住了：满屋子都是昏睡的村民。看来，不久前这儿刚举行过祭祀仪式，然而村民们怎么全都中邪似的睡着了呢？萨古那走到茅屋的中央，那儿有一张供桌，上面还有几只淡紫色、牛角状的东西，也许是村民们吃剩的食物吧。他取过一只，咬了一口，只觉得又苦又涩，便把它放下了。

萨古那失望地回到家里。他怎么也睡不着，眼前总是浮现出一些奇怪的幻影：青铜色的火鸡，张牙舞爪的美洲豹，各种各样的妖魔鬼怪……当天晚上，传教士把自己的奇遇记在日记本上，还记下了自己的疑问：为什么村民们都会昏睡过去？那紫色的"牛角"又是什么？为什么吃了以后会产生幻觉？

萨古那带着这些未解之谜离开了人世间。后来，由于一个偶然的机会，美国人约翰和沃森夫妇俩发现了他遗留下来的日记。约翰是退休的银行职员，沃森是位小儿科医生，研究人种学和人类发展史是他俩的业余爱好。读完这本神秘的日记后，他们的心情十分激动，决定马上前往那个墨西哥的小山村。

在那个山村里，他们经常义务为村民看病，还抢救了不少重病人，因而赢得了村民们的信任。

又一个祭神节来到了，约翰和沃森应邀来到了村边的茅屋。刚走进大门，他们就看到屋角绑扎着牲畜，燃着篝火。屋里挤满了虔诚的村民，祭台上放着十字架和一大堆淡紫色的"牛角"。一位老妇人担任祭主，只见她一口气吞下 20 个"牛角"，然后开始分发剩下的"牛角"。10 多分钟后，吃完"牛角"的村民们又唱又跳，陷入了一种疯狂状态。约翰夫妇也吃了几个"牛角"，不

多时，他们也变得昏昏沉沉了。后来约翰回忆说，当时他的眼前出现了火鸡、手持长矛的印第安武士的幻想，而沃森则梦见火鸡和别的动物。第二天一早，他们醒了过来，发现同屋的村民们还在酣睡，便取了几只"牛角"跑回住所。他们给美国生物学家海姆博士写了封信，并寄去了"牛角"。

海姆博士仔细鉴定了约翰寄来的"牛角"，断定这是一种会使人产生幻觉的真菌——麦角菌。埃及、中国和欧洲一些国家也有这种真菌。每年春夏之际，麦角菌会产生一种叫孢子的小细胞，这些孢子由风或昆虫传播到开花的黑麦和小麦的柱头上，萌发后形成菌核。这种菌核很硬，形状像牛角，所以叫麦角。中世纪的时候，许多农民得了一种昏睡病，就是因为吃了混有麦角菌的面粉的缘故。

基本小知识

真 菌

真菌是一种真核生物，最常见的真菌是各类蕈类，另外真菌也包括霉菌和酵母。现在已经发现了 7 万多种真菌，估计只是所有存在的一小半。真菌的细胞既不含叶绿体，也没有质体，是典型异养生物。它们从动物、植物的活体、死体和它们的排泄物，以及断枝、落叶和土壤腐殖质中吸收和分解其中的有机物，作为自己的营养。真菌的异养方式有寄生和腐生。

海姆博士吃了一小块麦角菌，20 分钟后，他的眼前仿佛出现了火鸡，他感到自己好像刚从远古时代回来那样，周围的东西既陌生又熟悉。这种幻觉一直持续了 6 个小时。博士用约翰寄来的菌种培养出许多小麦角菌，他又吞吃了一些，幻觉再一次出现了。

海姆把自己的发现和约翰夫妇的样品，寄给瑞士化学家戈夫曼，请他帮助分析致幻物质的化学成分。起初，戈夫曼对海姆的话有点半信半疑，他也吃了一些麦角菌，只不过半个小时，戈夫曼感到自己好像被劈成了两半，所有的东西都变得扭曲起来。他这才信服了。戈夫曼费了九牛二虎之力，把麦角菌的致幻成分——麦角酸提取出来了。他用实验证明，这种物质能使人出现幻觉，变得疯狂起来。墨西哥真菌之谜终于被揭开了。

"嗜睡症"的传布者

在非洲的维多利亚湖畔，曾流行过一种奇怪的病——嗜睡症。患者的症状表现为全身发热，整天昏睡不醒，最后极度衰竭而死亡。这种"嗜睡病"流行速度非常快，在非洲的一些村镇曾夺去了数十万人的生命。后来人们研究才发现这种"嗜睡症"的传布者是一种微小的原生动物——锥虫和一种叫舌蝇的昆虫。

锥虫长约 15～25 微米，身体非常小，外形像柳叶，寄生在动物的血液中。它有两个寄主，一个是舌蝇，一个是人。感染上嗜睡病锥虫的舌蝇，通过叮咬人体，锥虫经体表进入人体血液中，锥虫从人的血液中吸取营养而继续长大，当它发育到一定程度时，将沿着人的循环系统侵入脑脊髓，使人发生昏睡，因此这种锥虫又叫睡病虫。

广角镜

原生动物

原生动物门原生动物是动物界中最低等的一类真核单细胞动物，个体由单个细胞组成。原生动物形体微小，最小的只有 2～3 微米，一般多在 10～200 微米，除海洋有孔虫个别种类可达 10 厘米外，最大的约 2 毫米。原生动物生活领域十分广阔，可生活于海水及淡水内，底栖或浮游，但也有不少生活在土壤中或寄生在其他动物体内。原生动物一般以有性和无性两种世代相互交替的方法进行生殖。

锥虫和舌蝇一类吸血昆虫不仅在非洲传布"嗜睡症"，也在世界其他的地区传播各种疾病。在中国，锥虫与牛虻、厩蝇传布一种危害马、牛和骆驼的疾病，使这些牲畜消瘦、浮肿发热，甚至有时会突然死亡。

锥虫名声极为不佳，它寄生在各种脊椎动物中，从鱼类、两栖类到鸟类、哺乳类的马、牛，甚至人，都有锥虫的寄生，它甚至用不着与舌蝇之类的昆虫合作，便可直接感染各类寄主，但愿这种"害群之虫"早日被人类征服，断绝这类疾病的传染途径。

不能独立生活的孢子虫

孢子虫不是寄生在植物体，就是寄生在动物体内，绝没有在自然界独立生活的孢子虫。虽然它们寄生范围很广，在蚕、蜂、鱼类、牲畜乃至人类体内，但从来不危害人类和其他动物的健康，因此和人类关系十分密切。它们裹在孢子之内，才能混到自然界，由孢子传至其他生物，这是孢子虫生活史中的一环。

读过《三国演义》的人，没人不佩服诸葛亮聪明多智，运筹帷幄，决战千里，立于不败之地。但在七擒孟获、大显雄风之际，大批士兵，倒毙于泸水之滨，这是受害于瘴气。当时瘴气流行于我国云、贵等处，是恶性疟原虫蔓延所致。其他的疟原虫，即三日两头（间日）的疟疾，死亡率比较低，虽不算瘴气，但是损害身心，丧失劳动力，害处也是很大。疟原虫潜伏在患者的红细胞内，吸取血球养料为生，当滋长变成变形虫状时，会自行分裂繁殖。它不像草履虫一分为二，而是有一分二十之多，所以繁殖要比草履虫快几十倍，在短短时期内，可繁殖得极多。无性繁殖每经 48 小时一次，当疟原虫多分裂一次，穿破血球时，毒汁即散入血中，引起人们发寒、发热一次。无性繁殖持续一定时期之后，其中一部分，即转入有性生殖时期，形成大、小配子细胞。此时如有疟蚊（一般蚊子不能养活疟原虫）来吸血入胃中，便把蚊子胃中当作"洞房"，雌雄配子进行配合。受精

微生物的世界

你知道吗

瘴 气

瘴气是热带原始森林里动植物腐烂后生成的毒气，主要原因就是无人有效地处理动物死后的尸体，加上热带气温过高，为瘴气的产生创造了有利条件。中医中的瘴，指南方山林中湿热蒸郁能致人疾病的有毒气体，多指是热带原始森林里动植物腐烂后生成的毒气。

卵能移动，穿越胃壁，在胃壁外侧形成孢子囊，囊中分裂成许许多多孢子虫，至少有几千条，钻出囊壁，闯入唾液腺中，等候时机。它们不需结成孢子，孢子虫可由蚊吸血时，直接注射到健康的人体中。过一会儿，又开始无性生殖环节，变成定时发作的疟疾。这样，无性继之有性，有性又转入无性的轮流繁殖，这与较为高等的腔肠动物的世代交替生殖，十分相似。因此，为了防止疟疾的蔓延，最根本的措施是消灭疟蚊，中断疟原虫的生命循环。患了疟疾，当就医服药，是不难根除的。

广角镜

草履虫

草履虫是一种身体很小、圆筒形的原生动物，它由一个细胞构成，是单细胞动物，雌雄同体，最常见的是尾草履虫，体长只有180～280微米。它和变形虫的寿命最短，以小时来计算，寿命时间为一昼夜左右。因为它身体形状从平面角度看上去像一只倒放的草鞋底，所以叫作草履虫。

自然界的肇始者——鞭毛虫

鞭毛虫是一类点状的原生质，带着一条或几条鞭毛，靠着鞭毛摆动，在淡水、海水和湿土壤中，都有它们生活的痕迹，分布之广，可以想象。此外，还有一些鞭毛虫钻入植物或动物体内，过着寄生的生活。这些寄生鞭毛虫，损害鱼类及牲畜，间接危害人类，有的甚至会直接致命。

在我国和印度，常流行一种黑热病，这是一种叫利什曼原虫造成的。利什曼原虫最初在白蛉子肠中

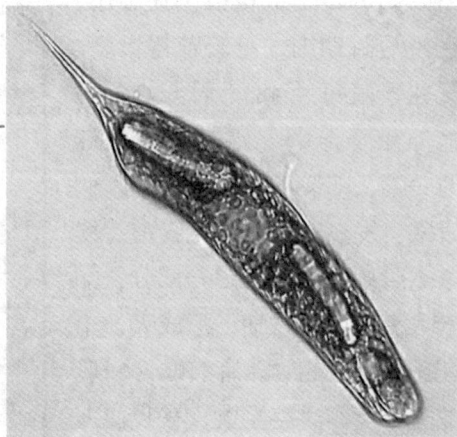

鞭毛虫

寄生，可用鞭毛在宿主消化道中运动，但一经传到人的身体内，则钻进脾脏及血管巨细胞中寄生。在一个细胞内，可容纳十几个，体积最小，失去鞭毛，变成圆形小点，却可以剥夺人的营养，危害性很大，能引起贫血、脾脏膨大、发热等病症，甚至有性命的危险。在我国，此病只流行于黄淮平原。从前有几十万人得此疾病，现在采取以预防为主、治疗为辅的方针，已基本消灭。在非洲有一种锥虫，由吸血蝇传布。如果在人体内寄生，鞭毛虫就在血中繁殖，分泌毒汁，麻醉大脑，使人处于昏迷状态，状如睡眠，故名睡眠病。但是这一觉睡去，就再也不会醒来，最终与世长别，因此是一种十分可怕的疾病。

有趣的是，鞭毛虫既是动物又似植物，因此在它的分类地位上出现一个大难题。某些身负色素的个体，邻近植物界的鞭毛藻，便有人算作植物，称作黄藻、裸藻、甲藻，但动物学家则称其为金黄滴虫、眼虫、腰鞭毛虫。事实上，它们究竟是动物还是植物，很难下一句断语。认为它们属于动物的，有四点理由：第一，能自发或自动活动；第二，有灵敏感觉；第三，身体各部分工明显；第四，有感觉器官（眼、触手等）。如果说，有眼能活动，反应灵敏的，都叫动物，那么，能说动物是自立营养，能不依靠其他物质而生吗？换句话说，能进行光合作用，变无机物为复杂的有机物吗？因此只能说，它们是属于临界的生物。

花样繁多的草履虫生殖方式

提取一杯腐殖质多的淡水，置于透光处或适当的背景中看过去，用肉眼就可以见到许多细细的白点在蜿蜒蠕动，这就是草履虫。但如果要看清楚它们的细微结构，则必须要放到显微镜下去观察。草履虫被西方人称之为"拖鞋小动物"，而在中国人看来，它更像是中国式的草鞋。不过，草鞋是前端尖，后端钝，而草履虫则恰恰相反，前端钝，后端尖，所以准确地说，草履虫更像是一只倒置的草鞋。那么，草履虫身上，能告诉我们一些什么奥秘呢？

草履虫的生殖方式是多种多样的，可分无性、接合、内合、自配、质配等等，一时难以说清。因此，我们可以只谈它的无性繁殖和有性繁殖。其中

微生物的世界

无性生殖最为简单，草履虫的身体中部横缢，一分为二，一次生殖只增加 1 倍，但每日分裂 2 次，一日就多了 4 倍，繁殖之速，可以想见。而草履虫的接合生殖，就表示有性的意义。当需要接合时，口沟侧产生黏液，当两只草履虫相遇后，一触即合，它们相抱游泳，竟像一对情侣在跳舞一般。事实上，这时草履虫内部的细胞核在进行着一系列的变化。它的大核不参加生殖大典，只有小核，成为像高等动物的配子成熟、配子形成，终究变成一个像大配子，另一个像小配子。大的似卵，小的似精子。小的一个，虽然没有鞭毛，也能慢慢移动，通过这个两虫之间临时沟通的原生质桥，各到对方，跟大的一个融合，混成一体。就形式而论，这就好像高等动物的性交、受精过程一样，结合成一个的结果，也好像是受精卵一般。这就是草履虫接合生殖的一套变化。草履虫接合的任务既毕，即拆断鹊桥，各分西东，自过生活。殊不知它们的生殖程序尚未终止。合核还有一套似高等动物卵裂、胚胎发生的变化，内中分成 4 大核和 4 小核，再经过二次体分裂，变成 4 个子体，各具大、小核 1 个。两个接合体，产生 8 个，就像出胎的幼仔，由幼而壮，都可长大发育为成体，这岂不和高等动物的有性生殖，有惟妙惟肖之处？

知识小链接

无 性 繁 殖

　　无性繁殖是指不经生殖细胞结合的受精过程，由母体的一部分直接产生子代的繁殖方法。在林业上常用树木营养器官的一部分和花芽、花药、雌配子体等材料进行无性繁殖。花药、花芽、雌配子体常用组织培养法离体繁殖。生根后的植物与母株法的基因是完全相同的。用此法繁育的苗木称无性繁殖苗。

　　至于草履虫其他的生殖方法，这里便不再一一推敲。内合生殖是不经接合，体内小核变化，产生一个像合核，实际不是合核，是像高等动物的孤雌生殖。自配生殖是小核在体内分化成 1 个大核和 1 个小核，不经接合，在体内自己配合。质配生殖虽是经过接合，并未交换核质，仍属自体"受精"。这些，都说明草履虫的生殖法，比高等动物还多，这对于它们确保子孙的繁衍昌盛，具有非常深远的意义。

卵 裂

卵裂是指受精卵的早期分裂，卵裂期内一个细胞或细胞核不断地快速分裂，将体积极大的卵子细胞质分割成许多较小的有核细胞的过程叫做卵裂。每次卵裂产生的子细胞称卵裂球。

细菌能在冰层 3 千米以下存活长达 10 万年

一项研究指出，微生细菌的生命力很顽强，它们能够在冰雪层以下 3 千米处存活 10 万年。同时，这项研究也暗示着太阳系中一些有冰层覆盖的遥远星体上有可能存在着生命迹象。

广角镜

火 星

火星是太阳系八大行星之一，是太阳系由内往外数的第四颗行星，属于类地行星，直径约为地球的一半，自转轴倾角、自转周期均与地球相近，公转一周约为地球公转时间的两倍。橘红色外表是因为地表的赤铁矿（氧化铁）。火星基本上是沙漠行星，地表沙丘、砾石遍布，没有稳定的液态水体。二氧化碳为主的大气既稀薄又寒冷，沙尘悬浮其中，每年常有尘暴发生。火星两极皆有水冰与干冰组成的极冠，会随着季节消长。

在此之前，科学家们曾在南极洲冰层以下 4 千米处发现存活着的细菌，此外，2005 年研究人员在美国阿拉斯加州一个冰冻的池塘中发现 3.2 万年前处于睡眠状态的细菌。美国加利福尼亚大学物理学家布福德·普瑞斯和他的学生罗伯特·罗德，发现了微生细菌的一种生理机制，从而解释了细菌如何幸免于极端寒冷恶劣的生存环境。

他们指出，一种由液体水形式构成的微型薄膜自然地依附于细菌周围，氧气、氢气、甲烷和其他气体都可从周围的气泡散播到薄膜之中，为细菌提供足够的食物来源维持生命。事实上，在

195

这种环境下任何细菌都可以存活于固体冰雪中，抵抗 -55℃和300个大气压。在这种恶劣生存环境下，细菌虽然不能够生长和繁殖，但它们仍能够修复任何分子损伤，维持生命，达10万年之久。罗德说："这种极端恶劣环境中的生命体不是我们通常所想的那些生命，它们只是维持生命未死状态，期望着冰层能够尽快融化。"

对这一假设理论进行测试，普瑞斯和罗德在南极和格陵兰岛不同深度冰原的冰层样本进行了研究分析，他们探测发现能够隔离生存的细菌必须存在于冰晶体内部。

普瑞斯指出，这项最新的研究将支持火星存在生命这一假想，当火星上的甲烷冰层暴露在太阳光下会很快地分解。2004年科学家对火星大气进行勘测时，猜测甲烷可能会生成微生细菌或产烷生物，并可能不断地进行繁殖。他在接受《新科学家》杂志记者采访时说："很有可能火星地表以下存在着产烷生物，在此之前我和同事们在格陵兰岛冰层数千米之下发现了产烷生物。"

美国蒙大拿州立大学的约翰·普瑞斯库在接受《新科学家》杂志记者采访时认同这项研究，他说："这是一项支持微生物在恶劣环境生存的另一种理论，有可能在未来我们将探测到太阳系某个冰冻星体上存在着微生物细菌。"

神奇微生物吃铁为生

它们食入铁锈，清理污染的下水道，并同时产生电能，这些微小的生物中可能包含着原始生命的线索。自从神奇的泥土细菌被发现以来，这个微生物家族带给了我们许多惊奇。

研究提出，如果有一些必需的原料，比如硫酸盐、沼气等，一些微生物可以在无氧环境下生存，因此，专家推测，这些微生物也可能利用铁来生存。因此，从1987年起，路易开始研究泥浆里的微生物，并最终从里面发现了这种"吃"金属的细菌。他从美国华盛顿州附近波托马克河中挖取富含金属的泥浆，回到实验室后，在试管里加入泥浆，放进一些醋酸盐——微生物最喜

欢的食物——然后观察。最后，他注意到微小的黑色的矿物质聚集于试管的底部，存在于毛茸茸的红色的氧化铁（即铁锈）的包围当中。如果把磁石放在试管的一边，所有的铁质小片都流向磁石的那一边。这些黑色的矿物质就是磁铁矿。

这种可以降解铁锈的泥土菌，通过向铁传递电子而获得生存的能量。在这个过程中，它们把铁锈变成了磁铁矿。这种生物的代谢方式是独一无二的，它们利用食物中的金属来获得能量，就像人类利用氧气一样。磁铁矿在200万年前是地球上储存的主要磁性矿物，因此，路易推测这种微生物可能是早期磁铁矿产生的主要来源。

后来路易发现了这个细菌家族超过30多种类型，并且测出了一些基因序列。他还测出了这个细菌家族中一种更加神奇的细菌的基因，这种细菌能够产生电能，并且可以净化被铀污染的下水道。

"不要小瞧微生物世界的能力。"科学家们相信，自1987年路易的发现以来，这一系列泥浆细菌家族的发现以及其他可降解金属的细菌被不断发现，是通向一个全新、具有独特生物代谢方式的微生物世界的开始。

你知道吗

电子

电子是构成原子的基本粒子之一，质量极小，带负电，在原子中围绕原子核旋转。不同的原子拥有的电子数目不同，例如，每一个碳原子中含有6个电子，每一个氧原子中含有8个电子。能量高的离核较远，能量低的离核较近。通常把电子在离核远近不同的区域内运动称为电子的分层排布。

"我们越来越明确地看到，这些微生物在地球的微生物总量中占有很大的比例，他们是维护地球环境和生态进步的巨大推动力量。"

自从嗜金属的泥土菌被发现以来，路易和他的同事们就在设想利用这种特殊的微生物来保护地下水，解决水污染的问题。因此，科学家们呼吁人们保护这些神奇的嗜铁锈微生物。

微生物的世界

神奇细菌——锌污染的克星

有一种细菌可以使溶解的锌形成硫化锌晶体，从而更有效地去除地下水和湿地中的矿业废物，被污染的水经过这种细菌处理后，可以达到饮用水标准。

这种细菌是由出售水中呼吸器的伊波特女士发现的。为寻找一个潜水的好去处，也想趁机为一家博物馆寻找一些矿业标本，她来到美国威斯康星州坦尼森市，那里有不少矿业公司开采后留下的地下隧道，不少隧道中积了很深的水。伊波特女士在一个积水隧道发现，在一个像橄榄球场那么大的地方，地上有成团成团的黏黏的细菌，当人在水中移动时，细菌团就浮起来。

她担心这种细菌对人体有害，便告诉了威斯康星大学的班非尔德博士。班非尔德博士对这些细菌很感兴趣，开始和伊波特女士合作，采集这种细菌。

知识小链接

生 物 膜

生物膜是镶嵌有蛋白质和糖类（统称糖蛋白）的磷脂双分子层，起着划分和分隔细胞和细胞器的作用；也是与许多能量转化和细胞内通信有关的重要部位，同时生物膜上还有大量的酶结合位点还是细胞、细胞器和其环境接界的所有膜结构的总称。

班非尔德博士发现，一种褐色的生物膜中的锌含量，比周围地下水体中的锌浓度高 100 万倍。形成褐色生物膜的这种特殊细菌，属于"脱硫细菌"一族。以这些菌为核心，形成了很多微小的"球状物"，直径最长大约 1×10^{-8} 米。这些"球状物"几乎完全由纯硫化锌组成，此外，还有极微量的砷和砷化物。

硫化锌是闪锌矿的主要成分。这种细菌具有自然生成硫化物的能力，是这种细菌将溶解的锌沉淀的。

这个发现可能适用于污水处理。虽然利用细菌清理矿业酸水不是一个新概念，但是，研究坦尼森矿井里的细菌，可以帮助发展更好的污水处理方法。

这种细菌还可能帮助解开地球化学上的一个谜：在地质史上，有不少锌矿是在低温条件下形成的。

还有人发现了形成低温闪锌矿的细菌和伊波特女士发现的细菌，属于同一个种群。

许多硫还原细菌生存在完全缺氧的环境中，但是，也有些种类生存在稍微通风的地方。对硫化锌沉积作用最大的细菌正是这样，这些细菌生存在有少量氧气的地方。

地球大气中的氧气，是在漫长的地质时期逐渐积累起来的。莱布尼兹博士认为，当大气中的氧气浓度还很低时，这些细菌可能帮助了闪锌矿的形成。他的模型表明，即使地下水中的锌含量低到 1×10^{-6}，这些细菌也能生成闪锌矿。

微生物的世界

能产生天然柴油的罕见菌类

科学家在南美洲发现一种罕见菌类，将植物肥料分解合成一种碳氢化合物，其功效和柴油非常相似。专家表示，这种菌类将有望在解决世界能源短缺和减少环境污染的问题中发挥重大作用。

这种真菌名叫粉红粘帚菌，生长在巴塔哥尼亚的热带雨林中，它能够将植物纤维素直接转变成生物燃料——自然地分解产生碳氢化合物，其成分和应用于车辆的柴油等燃料非常相似。专家认为，这种真菌将是一种潜在的绿色的能源。

负责该项研究的美国蒙大拿

广角镜

纤维素

纤维素是由葡萄糖组成的大分子多糖，不溶于水及一般有机溶剂，是植物细胞壁的主要成分。纤维素是自然界中分布最广、含量最多的一种多糖，占植物界碳含量的50%以上。棉花的纤维素含量接近100%，为天然的最纯纤维素来源。一般木材中，纤维素占40%～50%，还有10%～30%的半纤维素和20%～30%的木质素。

州立大学教授格里，经常在阿根廷和智利边境的巴塔哥尼亚热带雨林中研究新奇的菌类。格里教授表示："我们对这种真菌分解出的化合物进行了测试，发现全是碳氢化合物及其衍生物，这个结果是此前没有预料到的。如果这种菌类被用来生产燃料，将能省去现在生产制作燃料过程中的一些环节。当然，现阶段还需要通过进一步的实验证实可行性。"

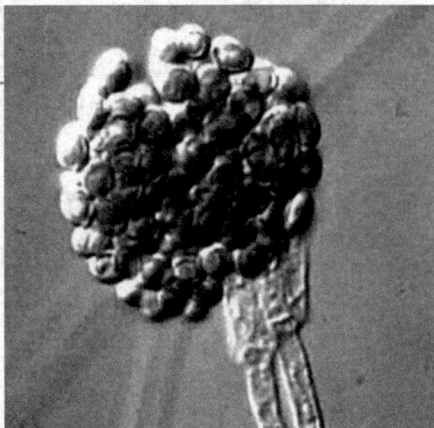

格里教授表示，这种真菌有双倍的价值，因为它含有独特的基因，能生产出将纤维素分解成柴油气体的酶。从理论上说，当把它嫁接到其他生物体中时，这些真菌将更加活跃，能更加有效地生产柴油。

粉红粘帚菌

吃汞勇士——假单孢杆菌

20 世纪 50 年代初，日本水俣地区有人得了一种奇怪的病。患者开始感到手脚麻木，接着听觉、视觉逐步衰退，最后精神失常，身体像弓一样弯曲变形，惨叫而死。当时谁也搞不清这是什么病，就按地名把它称为"水俣病"。

经过医学工作者几年的努力，终于揭开了这怪病之谜：原来是当地工厂排出的含汞废水污染了水俣湾，使那里的鱼虾含汞量大大增加，人吃了这些鱼虾后，汞也随之进入体内，当汞在人体内的含量积累到一定程度，就会严重地破坏人的大脑和神经系统，产生可怕的中毒症状，直到致人死命。

汞化合物是一种极难对付的污染物，人们曾试图用物理的方法和化学的方法来制伏它，但效果都不大理想，最后还是请来了神通广大的微生物。

在微生物王国里，有一批专吃汞的勇士，一种名叫假单孢杆菌的，就是一员骁将。它们到了含汞的废水中，不但安然无恙，而且还能把汞吃到菌体，经过体内的一套特殊的酶系统，把汞离子转化成金属汞，这样，既能达到污

水净化的目的，人们还可以想办法把它们体内的金属汞回收利用，一举两得。

当今世界，随着工业的迅速发展，城市人口的高度集中，大量的工业废水和生活污水倾泻到江河湖海中，各种各样的污染物，使美丽的自然环境受到严重的损害。而微生物王国中有不少成员，如为数众多的细菌、酵母菌、霉菌和一些原生动物，事实上早已充当着净化污水的尖兵。它们把形形色色的污染物，"吃进"肚子里，通过各种酶系统的作用，有的污染物被氧化成简单的无机物，同时放出能量，供微生物生命活动的需要；有的污

拓展阅读

汞

一种有毒的银白色一价和二价重金属元素，它是常温下唯一的液体金属，游离存在于自然界并存在于辰砂、甘汞及其他几种矿中。常常用焙烧辰砂和冷凝汞蒸气的方法制取汞，它主要用于科学仪器（电学仪器、控制设备、温度计、气压计）及汞锅炉、汞泵及汞气灯中 mercury——元素符号 Hg，俗称"水银"。

染物被转化、吸收，成为微生物生长繁殖所需要的营养物。正是经过它们的辛勤劳动，大量的有毒物质被清除了，又脏又臭的污水变清了。有的还能变废为宝，从污水中回收出贵重的工业原料；有的又能化害为利，把有害的污水变成可以灌溉农田的肥源。

知识小链接

酵母菌

酵母菌是一些单细胞真菌，并非系统演化分类的单元。酵母菌是人类文明史中被应用的最早的微生物，可在缺氧环境中生存。目前已知有1000多种酵母，根据酵母菌产生孢子（子囊孢子和担孢子）的能力，可将酵母分成三类：形成孢子的株系属于子囊菌和担子菌；不形成孢子但主要通过出芽生殖来繁殖的称为不完全真菌，或者叫"假酵母"（类酵母）。目前已知大部分酵母被分类到子囊菌门。

人类真奇妙

SHENGWUQUAN DA JIEMI

　　人类是地球上一种相比较来说高智慧的生物，可以说是地球至今的统治者。《现代汉语词典》对我们人类的解释是："能制造工具、并能熟练使用工具进行劳动的高等动物。"人类的身上也有很多奇妙的事情，不知你是否听说过？神秘的人体自燃现象，奇异的人体冷光，神秘的梦游，多变的人格和第六感之谜。人类身上的这些谜有的至今仍未揭开，只能等待爱动脑思考的你来一探究竟了！

屁能调节血压

有研究表明，屁中含有的一种臭鸡蛋味气体能够控制实验鼠的血压。

我们对这种名为"硫化氢"的气体的恶心气味相当熟悉，因为它来自人体结肠中的细菌，并被最终排出体外。

研究发现，实验鼠血管壁上的细胞也能利用自然方法制造出硫化氢，而且这一过程会松弛血管，有助于实验鼠的血压保持在较低水平，因此能预防高血压。研究人员说，人体血管细胞"毫无疑问"也能制造出硫化氢。

研究报告的撰稿人之一、美国约翰·霍普金斯大学的神经学家所罗门·H. 斯奈德说："既然我们理解了硫化氢在调节血压方面的作用，那我们就可能研制出促进硫化氢生成的药物，以此作为现有高血压治疗方法的补充。"

硫化氢是科学家最新发现的一种气体信号分子。我们体内的此类微小分子发挥着重要的生理功能。

由于气体信号分子普遍存在于进化链上的各种哺乳动物体内，因此有关硫化氢重要作用的研究成果就可能被广泛应用于糖尿病、神经退行性疾病等人类疾病的治疗。

人类毛发的趣闻

人们常用"黄毛丫头"来形容做事鲁莽的女孩，又用"嘴上没毛，办事不牢"来形容年轻的小伙子做事缺少经验。听起来好像有毛不行，没毛也不对。其实我们的祖先和其他哺乳动物一样，浑身长着金黄色毛发（毛色和寒带的北欧人头发相似）。我们祖先身上的那些毛发帮助他们度过了严寒的冰河时代。说我们的祖先身上长毛有什么证据吗？

现今的人体毛发增多被认为是一种"返祖"现象，说明人类的祖先身体上有很多毛发，随着保暖衣服的发明制造和使用，人类的体毛逐渐退化成非常细小的汗毛，最后只剩下头发、眉毛、睫毛、腋毛和阴毛没有大的变化。

吴汝康院士认为，头发是保护脑颅的，眉毛和睫毛是保护眼睛的，腋毛和阴毛则是为了减缓摩擦，所以这些体毛没有退化。

虽说哺乳动物丰富的体毛在帮助它们度过冰河时代立下了汗马功劳，但在四季分明的岁月，冬季和夏季的温差很大，所以冬季可以保暖的丰富的毛发到了夏季就完全成了累赘。一部分毛发丰富的哺乳动物通过季节性的迁徙来躲避夏日的炎热，但其他体毛丰富的哺乳动物则在入夏时采取换毛的方式，把长长的保暖的冬毛逐渐蜕掉，使得身体能在炎热的夏天凉爽一些。蜕毛的机制是由体内的激素控制的。有些人在春天容易感冒、咳嗽、流鼻涕，有人认为这不单单是病毒的原因，很可能和控制体毛脱落的激素分泌有关，或者说，也是一种"返祖"现象。

拓展阅读

冰河时代

地球表面覆盖有大规模冰川的地质时期，又称为冰川时期。两次冰期之间为一相对温暖时期，称为间冰期。地球历史上曾发生过多次冰期，最近一次是第四纪冰期。地球在 40 多亿年的历史中，曾出现过多次显著降温变冷，形成冰期。特别是在前寒武纪晚期、石炭纪至二叠纪和新生代的冰期都是持续时间很长的地质事件，通常称为大冰期。

神秘的人体自燃现象

关于人体自燃现象的最早记载见于 17 世纪的医学报告，时至今日，有关的文献更是层出不穷，记载也更为详尽。那么，什么是人体自燃呢？人体自燃就是指一个人的身体未与外界火种接触而自动着火燃烧。

1949 年 12 月 15 日，美国新罕布什尔州一个 53 岁、名叫科特里斯的妇女在家中被烧死了。曼彻斯特警方在调查中发现，那具已经不像人形的可怕尸体躺在房间的地板上，可是房间内的物体却没有遭到丝毫破坏，而且壁炉也未曾使用过，甚至在其他地方也找不到火种。美联社报道说："该妇人在燃烧时一定像个火球，但是火焰却没有烧着她家里的任何木料。"这事令人惊诧。

自 燃

根据热源的不同，物质自燃分为自热自燃和受热自燃两种。在通常条件下，一般可燃物质和空气接触都会发生缓慢的氧化过程，但速度很慢，析出的热量也很少，同时不断向四周环境散热，不能像燃烧那样发出光。如果温度升高或其他条件改变，氧化过程就会加快，析出的热量增多，不能全部散发掉就积累起来，使温度逐步升高。当到达这种物质自行燃烧的温度时，就会自行燃烧起来，这就是自燃。

1951 年美国佛罗里达州圣彼得堡的利泽太太被人发现在房中化为灰烬，房子也是丝毫未受损坏。在这个案件中，调查人员使用各种现代科学方法，以确定这一神秘意外的来龙去脉。可是，虽然有联邦调查局、纵火案专家、消防局官员和病理专家通力合作研究，历时 1 年仍然没有把事件弄清楚。

在发生事故的现场除了椅子和旁边的茶几外，其余家具并没有严重的损毁，可是在屋内却出现了一种奇怪的现象：天花板、窗帘和离地 1.2 米以上的墙壁，铺满一层气味难闻的油烟，在 1.2 米以下的墙壁却没有。椅子旁边墙上的油漆被烘得有点发黄，但椅子摆放处的地毯却没有烧穿。此外在 3 米外的一面挂墙镜可能因为热力影响而破裂；在 3.6 米外梳妆台上的两根蜡烛已经熔化了，但烛芯依然留在烛台上没有损坏；位于墙壁 1.2 米以上的塑料插座也已熔化，但保险丝没有烧断，电流仍然畅通，以至于护壁板的电源插座没有受到破坏。与一只熔化了的插座连接的电钟已经停摆，上面的时间刚好指在 4 点 20 分。当电钟与护壁板上完好的插座连接时，仍然可继续走动。附近的一些易燃物品，如一张桌子上的报纸以及台布、窗帘，都全部安好无损。

在世界其他地区亦有像利泽太太这样人体自燃的事例，而且自燃的形式多种多样，有些人只是受到轻微的灼伤，另一些则化为灰烬，更令人不可思议的是，受害人所睡的床、所坐的椅子，甚至所穿的衣服，有时候竟然没有烧毁。更有甚者，有些人虽然全身烧焦，但一只脚、一条腿或一些指头却依

然完好无损。在法国巴黎，一个嗜好烈酒的妇人在一天晚上睡觉时自燃而死，整个身体只有她的头部和手指头遗留下来，其余部分均烧成灰烬。

在以前发生过的人体自燃事件中，男女受害人的数目比例大致相同，年龄从婴儿到114岁的老人都有，其中很多是瘦弱的。他们有的人是在火源附近自燃，有的人却是在驾车或是毫无火源的地方行走时莫名其妙地着火自燃的。

但是，时至今日，现代科学界和医学界都否定人体自燃的说法。有人虽然曾经提出一些理论，但是一直没有合理的生理学论据足以说明人体如何自燃甚至于化为灰烬，因为如果要把人体的骨髓和组织全部烧毁，只有在温度超过1650℃的高压火葬场才有此可能。那么，至于烧焦了的尸体上尚存有未损坏的衣物或者是一些皮肉完整的残肤就更令人觉得有些神秘莫测了。

基本小知识

骨　髓

骨髓是人体的造血组织，位于身体的许多骨骼内。成年人的骨髓分两种：红骨髓和黄骨髓。红骨髓能制造红细胞、血小板和各种白细胞，血小板有止血作用，白细胞能杀灭与抑制各种病原体，包括细菌、病毒等；某些淋巴细胞能制造抗体。因此，骨髓不但是造血器官，它还是重要的免疫器官。

人身上的海洋印记

生命的起源问题是当今世界上最热门的研究课题之一。许多学者认为，生命起源于海洋，不然，在人身上为何能找到如此多的海洋印记呢？

解剖科学家发现了一个惊人的现象：人的胚胎在早期也有过鳃裂。这说明人类与鱼类一样，也是起源于水中，虽然在漫长的进化过程中鳃被逐渐退化了，但仍在人的胚胎早期留下了鳃的痕迹。

科学地说，包括人类在内的所有脊椎动物，也都和鱼类一样，在胚胎的早期，在头后部咽腔有着开向左右的裂隙——鳃裂。不同的是，鱼类和两栖类的蝌蚪时期，鳃裂发育成为呼吸水流的通道，而爬行类、鸟类、哺乳类以及人类的鳃裂，出现不久后便从胚胎消失。

科学家研究分析后发现，对于生命来说，水比阳光更重要。我们人体的内部就是一个奇妙的海洋。成年人分布在各种组织直至骨骼中的水液达70%～85%，而且海水和人血溶解的氯、钠、氨、钾等化学元素的相对含量百分比也惊人地接近。这绝不是偶然的巧合，而是人身上的海洋印记。

生命科学家经过多次研究还发现，婴儿能像鱼儿一样，本能地会潜水和游泳，这也为人类的远祖来自海洋提供了另一个佐证。

人身上的另一个重要的海洋印记则是人的生命离不开水。人体中所有的生命活动，无论是消化作用、血液循环，还是物质交换与组织合成等一系列活动，全是在有水的参与下在水溶液中完成的。这与海洋又是何等的相似。如此看来，人身上的海洋印记，可称为是一部内容丰富的生物进化教科书。

奇异的人体冷光

人体会发光吗？乍一听，这似乎是一件不可思议的事。实际上每个人每时每刻都在发光，只是这种光太微弱了，以致人们无法看见它。由于人体光不发热，故名"冷光"。

拓展阅读

冷光灯

人造光源最初是爱迪生发明的白炽灯，是利用的黑体辐射，白炽灯不但辐射2760～2900°K的可见光，也辐射大量的红外线，这种灯发光（可见光）效率很低。20世纪初，利用低气压的汞蒸气在放电过程中辐射紫外线照射卤粉，从而使荧光粉再发出可见光的原理制造出低压汞灯，由于卤粉灯管所消耗的电能大部分用于产生紫外线，因此卤粉灯管的发光效率远比白炽灯高，所以叫冷光灯。

冷光是生命活动的重要信息。不同的机体有着不同的发光强度，身体强

壮的人，发光强度较强，体弱有病的人，发光强度则较弱；体力劳动者或喜欢运动的人，其发光强度较强，而脑力劳动者，则通常发光较弱。据科学家测定，青壮年人的发光强度比老年人要强一倍，而老年人与少年人相比，则发光强度相差不多。

人体表面微弱的发光，有一定的规律可循：就同一个人而言，一般手指尖的发光最强，手指尖所发的光比手虎口强，而手虎口的光比手心强，手心的光又比手背强，人体上肢的发光比下肢强，等等。

人体的冷光也与人的生理状态和体内器官有着内在的联系，如人在疲劳时发光就较弱，而在休息充分精力充沛时发光就较强。如果人体注射或服用一些高能量的药物，其体表的冷光就会明显升高。这表明人体光与生命活动中的能量代谢有密切关系，对此深入研究，就打开了探索人体内部器官、神经系统、经络血脉等方面的窗口。健康人的体表左右两侧相应部位的冷光强度是对称的，处于平衡状态，而一旦生病，便会出现一个至几个与疾病有关的特有的发光不对称点（或叫病理发光信息

你知道吗

涌泉穴

涌泉穴在人体足底穴位，位于足前部凹陷处第2、3趾趾缝纹头端与足跟连线的前三分之一处，为全身腧穴的最下部，乃是肾经的首穴，在人体养生、防病、治病、保健等各个方面显示出重要作用。

点）。所以只要检查人体体表各个发光信息点的发光是否对称，就可以诊断是否有病。再确定这个发光不对称信息点出现的部位，就可以诊断得的是什么病了。例如肾炎病的发光不对称点出现在涌泉穴部位，肝炎患者的发光不对称点出现在足趾的大敦穴上。

人是由什么组成的

万物皆由"元素周期表"中列的109种元素组成，人体也不例外。在人

体中，水占全部体重的 2/3，以一个 70 千克重的男人为例，脱水后就变成 25 千克了。在剩下的 25 千克中，碳水化合物 3 千克，脂肪 7 千克，蛋白质 12 千克，矿盐 3 千克。人体中的元素碳、氢、氧、氮共占 96%，其他还有 20 种元素。

拓展阅读

元素周期表的发展史

元素周期表诞生于 1869 年，俄国化学家门捷列夫编制出第一张元素周期表；按照相对原子质量由小到大排列，将化学性质相似的元素放在同一纵行；揭示了化学元素之间的内在联系，成为化学发展史上的重要里程碑之一。随着科学的发展，元素周期表中未知元素留下的空位先后被填满。当原子结构的奥秘被发现时，编排依据由相对原子质量改为原子的核电荷数，形成现行的元素周期表。

70 千克的人，氧为 45.5 千克，碳为 12.6 千克，氢 7 千克，氮 2.1 千克，钙 1.5 千克，磷 860 克，硫 300 克，钾 210 克，钠 100 克，氯 70 克。其他还有镁、铁、氟、锌、铜各几克。碘、钴、锰、钼、铬、硒各几毫克以及更少量的钒、镍、铝、铅、锡、钛、溴、硼、砷、硅等元素。组成人体的"积木"很平常，但组成的结构极为复杂。

人的大脑是如何工作的

古埃及人首先发现了这样一个事实：大脑分为两个半球，左半球支配人体的右侧，右半球支配人体的左侧，大脑受伤会使它支配的那部分身体产生功能障碍。

1836 年，法国人马克·达克斯指出，右侧瘫痪的病人常常丧失说话的能力，而左侧瘫痪的人却能正常说话。他因此得出结论，大脑的左半球不仅支

配人体的右侧，还支配着人说话的功能。这个假说后来得到了证实，研究表明，90%的人语言中枢位于大脑的左半球。

知识小链接

语言中枢

　　语言中枢负责控制人类进行思维和意识等高级活动，并进行语言的表达。语言中枢是人类大脑皮质所特有的，多在左侧。临床实践证明，右利者（惯用右手的人），其语言区在左侧半球，大部分左利者，其语言中枢也在左侧，只有少数位于右侧半球。语言区所在的半球称为优势半球。儿童时期如在大脑优势半球尚未建立时，左侧大脑半球受损伤，有可能在右侧大脑半球皮质区再建立其优势，而使语言机能得到恢复。

　　大脑的两个半球具有不同的功能。左半球不仅是语言中枢，还能从事分析性的工作，例如逻辑推理、数学运算和写作等；右半球善于处理空间概念和识别面孔、图案、曲调、色彩，还擅长创造性的活动。左半球倾向于按顺序处理信息，右半球却习惯同时处理信息。

　　大脑两个半球的上述分工说明，为什么右半球损伤，人会丧失音乐能力，而左半球受损的病人难以说话，却仍能唱歌。也许还能说明，为什么许多艺术大师（达·芬奇、米开朗琪罗、毕加索等）都习惯使用左手——由于右半球的形象思维和观察能力较强，因此用右半球支配的左手绘画有一定的优势。

　　人们常常认为，逻辑思维和分析能力比感性认识更为重要，反映在教育上就是把注意力集中在"读、写、算"这些大脑左半球的功能上。有一所美国的小学让学生用一半时间学习艺术，用另一半时间学习科学，结果学生的科学课程的成绩明显提高。这表明，花时间发展大脑右半球的功能也有助于改善左半球的功能。实际上，只有大脑的两个半球完美配合，才能产生最有效率的创造性活动。

　　因此，必须加强两个半球的联系。语言学习中充分发挥大脑功能的一种方法是快速阅读。逐字逐句的缓慢阅读是大脑左半球的功能，而快速阅读是大脑右半球的功能，快速阅读获得的信息是从整体上被理解的，这样就能提高对文字的理解程度。换句话说，如果你发现一篇文章很难理解，你就应该

读得更快一些。

使右半球发挥作用的另一种语言学习方法是在学习语言时辅以音乐伴奏。据说这种方法可以将记忆的效率提高 10 倍。

宇宙间最复杂的物体是人的大脑，科学发展至今仍未全部明了。但有些情况已被掌握。如耳朵的鼓膜接受声波，由听神经传递生物电给大脑的听觉中枢，生物电的数值代表声音大小，生物电的频率代表音调（在可接受的音频下，频率大 1 倍音调高 8 度），生物电的谐波成分组成音色。眼睛的视网膜接受光波，由视神经传递生物电给大脑视觉中枢，生物电的数值为亮度，生物电的频率为颜色（在可见光范围内）等等。

基本小知识

视 网 膜

视网膜居于眼球壁的内层，是一层透明的薄膜。视网膜由色素上皮层和视网膜感觉层组成，两层间在病理情况下可分开，称为视网膜脱离。色素上皮层与脉络膜紧密相连，由色素上皮细胞组成，它们具有支持和营养光感受器细胞、遮光、散热以及再生和修复等作用。

多数人都会做的 12 种梦

在美国波士顿举行的国际科学大会上，国际梦境研究协会副主席帕加菲尔德教授公布了她花费了近半个世纪的时间所取得的一项研究成果。帕加菲尔德认为，无论是贫是富、是贵是贱，人们的梦境其实都相差无几，成十亿计的人们无论是在噩梦中还是美梦中所见到的情景几乎都一样，其内容主要分为以下 12 种。

1. 被追击

当做噩梦时总有某种可怕的东西在追击我们——野兽、暴行或怪物。它们总是试图抓捕、吃掉或杀害我们。

而在做美梦时，你可能就会是在追别人——也许是在追自家的邻居，也

许是在追电影明星。到后来你可能会追上他与之拥抱，甚至还可能做爱。

2. 受伤

有人向你开枪，你受伤了；你想还击，但枪却怎么也不好使；有人要杀害你或你的亲人；你在梦中痛哭流涕；甚至你的牙齿还从嘴里掉出来了。

有时候情况会好点，你大病初愈获得新生，或者你成功地报复了别人。

3. 遇险

你会梦见你的爱车（轮船或飞机）失灵了，你坐在上面疾驰着，狂踩着刹车，可就是停不下来，在这种情况下美梦很少出现。

4. 丢失重要物品

你丢失的东西对你来说非常重要，也许是护照、贵重的戒指、票据，或者是房子失火、倒塌。有时候，我们还在梦中想不起来把汽车停在哪了。

这种情况下的美梦是，你得到了值钱的东西，或许是一套住宅或一辆汽车。

5. 考试

你好像又回到学校参加考试，但试题却答不上来。另一个场景是登台演唱，却哑然失声……

另一种场景则是你在这些场合都取得了巨大的成功。

6. 高空坠落

你梦见自己从悬崖上掉下来，被巨浪压在下面，被激流卷入大海。

在美梦中你会感觉到自己翱翔在天空，或者感觉到自己摆脱了地球的引力。

7. 出丑

你梦见自己在大庭广众之下部分或完全赤身着裸体，甚至是赤脚走到了街上。

如果是做美梦就是衣服突然找到了，或者是穿着华丽的衣服正在臭美。

8. 迟到

你梦见自己在往车站狂奔、可火车（汽车或其他交通工具）已经开走了。而美梦中你会梦见赶上了火车，非常地高兴和轻松。

9. 电话断线

有时候你会梦见在与死去的亲人通电话，但电话却突然断线了。

情况好的话，你会梦见听到死去的亲人的声音，梦醒后你却将他的话忘得一干二净。

10. 灾难

你梦见自己亲眼看到飞机失事，或者是目睹其他令人恐惧的灾难，甚至是地震或火山喷发。

而美梦中你会梦见自己来到一个仙境，但却不知道这是什么地方。

11. 迷路

你梦见自己在一个陌生的城市迷路了，你需要在那儿找到什么东西，但没有找到；或者你不能走路了，腿脚如棉花般无力；或者是你陷入泥土里拼命挣扎，但最终仍摆脱不了；或许你不会再逃跑了，就像瘫痪了一样。

而在美梦中，你会在自己的家中发现多了新的房间或是发现新东西。

12. 死人

这种梦难以分出好坏来。人们有时在梦中会遇到死去的亲人，梦醒后，人们宁愿相信死去的亲人的确会从另外一个世界来看望自己。

人体皮肤是个细菌"动物园"

皮肤是人体最大的器官。美国微生物学家利用全新分子技术对人类皮肤

进行研究后发现，人类皮肤上存活着 182 种细菌，其中一些只是短暂寄居，而有些则在皮肤上安营扎寨、长期居住。

纽约大学医学院博士马丁·布莱泽介绍说，研究人员已经在人类皮肤上确认的 182 种不同的细菌，共分为 91 类，其中大约 8% 的细菌之前从未被发现过。基于这一数据，布莱泽推断人类皮肤上大概存活有 250 种以上的细菌。

知识小链接

细 菌

广义的细菌即为原核生物，是指一大类细胞核无核膜包裹，只存在称作拟核区（或拟核）的裸露 DNA 的原始单细胞生物，包括真细菌和古生菌两大类群。人们通常所说的为狭义的细菌，狭义的细菌是原核微生物的一类，是一类形状细短、结构简单、多以二分裂方式进行繁殖的原核生物，是在自然界分布最广、个体数量最多的有机体，是大自然物质循环的主要参与者。

研究发现，人类皮肤中的细菌种类随着时间变化而有所不同。有些细菌常年存活在人的皮肤上，约占总数的 54.4%，它们主要分为葡萄球菌、链球菌、丙酸菌和棒状杆菌四类。其余的细菌则都是短期寄居在人类皮肤上。

研究人员还发现，一些细菌如放射线杆菌等，还与其宿主的性别有关。已被确认的 182 种细菌中就有 3 种只存活在男性研究对象的皮肤上。

布莱泽说，人们不必对这一研究结论大惊小怪，也不必感到害怕。细菌是地球上最早出现的单细胞微生物之一，虽然有些细菌会导致疾病，但是也有一些细菌对人体有益。

实际上，细菌长期以来一直存活在人体中，已经成为了人体的一部分。没有细菌，人体也无法正常新陈代谢。它们在人体内可以起到促进消化等有益作用。布莱泽补充说，很多细菌都对人体起到保护作用，所以他不建议人们总是清洗自己的身体，因为那是在洗掉人体的一层"保护伞"。

人类真奇妙

神秘莫测的多重人格

如果你的周围，有一个人，有 17 个名字、17 种不同的装扮、17 种不同的发型、17 种不同的声调和面孔、17 种不同的性格、17 种不同的生活，你会有怎样的感觉？你一定会感到非常惊异和迷惑。你首先的反应可能是不相信，这太超乎我们的想象了。这能是真的吗？可是，这恰恰就是纪实体的心理分析小说《人格裂变的姑娘》中主人公西碧尔的现实。这部小说除了人名是假的，其他事实几乎都是真实、未加修饰的。她就是存在着 17 种不同的装扮、声调、面孔、性格和生活的活生生的人。心理学上，把这种一个人具有多种人格的现象，称作"多重人格"。

你可能会问：人的性格本身就很复杂，很多人终生都无法真正了解自己的性格或人格，如果一个人有好几个、好几重人格，人岂不更复杂了吗？

如果一个人有好几重人格的话，遇到紧要关头，该听哪个人格发出的指令呢？会不会出现严重的混乱呢？多重人格有什么危害呢？很多人觉得自己的性格中有好多矛盾的侧面，这样的情况，是不是多重人格呢？为什么会出现多重人格这种奇妙现象呢？下面，我们就循着大家的疑问，逐层解剖，揭开多重人格的秘密。

其实，纯粹的多重人格现象是非常罕见的，迄今为止，世界上见诸报道的，还不足 50 例，而我国只有一些双重或多重人格的正式报道。其实多重

广角镜

人 格

人格是一种具有自我意识和自我控制能力，具有感觉、情感、意志等机能的主体。它可以离开人的肉体，离开人所处的物质生活条件，而独立存在在人类的精神文化维度里。人格主要是指人所具有的与他人相区别的独特而稳定的思维方式和行为风格。人格是指一个整体的精神面貌，是具有一定倾向性的和比较稳定的心理特征的总和。

人格是一种非常严重的心理疾病。美国《精神病大词典》对于多重人格的定义是这样的："一个人具有两个以上的、相对独特的并相互分开的亚人格，视为多重人格。这是一种癔症性的分离性心理障碍。"多重人格的基本特征是，虽然同一个体具有两种或更多完全不同的人格，但在某一时间，只有其中之一明显。每种人格都是完整的，有自己的记忆、行为、偏好，可以与单一的病前人格完全对立。多重人格可以有双重、三重、四重人格，最多的可以达到 17 重人格。其中以双重人格相对多见，通常其中一种占优势，但两种人格都不进入另一方的记忆，几乎意识不到另一方的存在。从一种人格向另一种的转变，开始时通常很突然，与创伤性事件密切相关；其后，一般仅在遇到巨大的或应激性事件，或接受放松、催眠或发泄等治疗时，才发生转换。

神秘的梦游

一般人以为梦游症是一种不自然、怪诞不可思议的现象。生活中，梦游患者表现的一些特征，确实使周围的人们感到惊奇，有时甚至感到恐怖。梦游患者会突然产生一种令人难以相信的巨大力量，在面对危难时，完全没有恐惧或不安的样子，可以完成相当困难的动作，而到第二天早晨醒来时，对于前一天夜间的事情却忘得一干二净。

在这些关于梦游症的普通观念中，人们总是把事实和幻想混淆起来。患梦游症的人在夜间起身时，的确常常表现出一种少有的力量和技巧，清醒的时候，的确也记不起在梦游中所做的事情。但有一点可以共识，梦游者不容易被声音和光线所惊醒。造成这种奇特现象的原因有很多，心理研究者将之归纳为下述三大类：

第一类：梦游症常常和沉重的疾病（例如癫痫）同时发生。患梦游症的儿童后来往往会产生一种沉重的精神压力。这种儿童身上，梦游症时常会与其他一些症状同时发生，使成人知道儿童在自身发展中明显的异常行为。在这种情形之下，儿童应该马上接受治疗。

第二类：有一类梦游大都是身心健全的常态人中发生的特殊现象，它有明显的遗传特性。20世纪80年代初，慕尼黑有一位哲学教授患梦游症，他的行为表现由专家做了十几年的详细观察。这位大学教授生于一个患梦游症的家庭，后来又与一个近亲表姐结婚。因此，他们夫妇二人和三个孩子都患梦游症。一开始，他们对于做出的一些反常行为，自己完全不晓得。在成家后的第七个年头，一次全家五人同坐在餐桌边，二女儿突然推倒整个餐桌，还把餐室的一面镜子敲破，发出巨大的声响，他们突然从梦中惊醒，才晓得他们都患梦游症，于是赶快找医生诊治。

　　第三类：这一类梦游症的患者最多，表现形式得到广泛的研究。这种人除了有一般精神病的倾向外，完全没有什么疾病的症候。他们患的不是精神病，而是心病，他们的性格有些不稳定、不协调的因素。他们是神经过敏，很容易被感动到痛哭或大笑，喜欢把自己当作一切事物的中心，容易趋于极端。这种意志不定、游移动摇的人，他们的心境几乎无时无刻不在变化着。当要实现某种目的时，他们很难用理智恰当地调和自身欲望，他们整个有机体往往完全服从于强有力的欲望，甚至是在睡眠中也受到这种欲望的支配。他们会在梦中站立起来，向他们幻想中的目标直接走去，而不注意周围的一切。要唤醒一个梦游症者，比唤醒一个普通的睡眠者更加困难，其原因便在这里。他们整个身心只集中在一件事情——就是实现他们的欲望。他们完全被这个巨大原动力所控制。这一欲望似乎独立起来，与他们的日常生活不存在任何联系，所以，夜间所碰到的事情不在记忆之中。

　　令梦游者清醒的有效方法是让身体接触冷水。对一般人产生作用的声音和光线，常常不能使梦游者清醒过来。有一个男人梦游，他的妻子用了许多办法，都无法将他唤醒。后来她想出一个妙计，每夜把一盆冷水摆在丈夫梦中下床的地方，这个方法成功了好几次，她的丈夫能够被冷水弄醒。可是过了不久，他要梦中起身的时候，却会避开那盆冷水，从床的另一边下去。这是不足为奇的：他心中强烈的欲望迫使他避开一切阻碍，向唯一的目标前进。患梦游症的儿童明显比成人多，这也可用上述心理的解释来说明。特别是一些在清醒时未显现出来的潜意识下的消极心理，像孤独无依、恐惧或妒忌等，都会使儿童在熟睡时产生一种亲近父母的愿望。当儿童失掉家人或保姆时，他觉得受到他人的忽视，从而要求得到更多成人付出的温存和抚爱。当儿童

在梦中自由行动时，他是要实现心中那种强烈的愿望。随着儿童逐渐成长，这种梦游症常常自己消失了。梦游症的现象在过去是被世人误解的，它受一层神秘和恐怖的帷幕罩着。上面这些根据科学观念的解释，应该将这些误解消除了吧。我们由此可以知道，人类机体内有许多心灵上的深层溪流，比富于幻想的小说更神秘、更紧张、更动人。

第六感之谜

人类的感觉在生理上分为视觉、听觉、嗅觉、味觉和触觉五种。后来，科学家们又发现人和动物除了这五种感觉外还有第六种感觉。

英国科学家发现，一位全盲的男子居然还能识别他人脸上的表情。科研人员对这名52岁的全盲男子进行了实验。他的世界一片黑暗，无法辨别动作、颜色、形状和亮光，但他的眼睛仍能接受光信号，并可将光信号转换成电信号传输到大脑。

有趣的是，当研究人员向他展示200张印有一系列不同人物面部表情的图片时，他居然能辨别出这些不同表情，而且正确率达59%，这比随机猜测的概率大多了。这说明尽管他的大脑视觉皮层被破坏，无法感知正常视觉，但负责感知情感的大脑部位仍然发挥功能。依此推测，人的大脑可能存在与已知视觉、听觉、嗅觉、味觉和触觉五种感觉机理不同的感觉功能，感知情感可能是第六感觉的一种表现形式。

同样，在动物世界中也普遍存在第六感觉。动物的第六感是指它们对外激素的感觉。外激素是由动物分泌的化学物质，用于影响同种动物的行为。科学家通过实验证实，老鼠借助免疫系统中的"主要异质兼容复合体分子（MHC）"对同类动物进行基因鉴别，从而获得了第六感觉。

探索奇异人种

龙虾族

在博茨瓦纳境内弗朗西斯敦市以北 64 千米的一个山谷中，距离津巴布韦和博茨瓦纳边境线仅 2 千米左右，遍地盖着非常原始的小泥屋，大约 100 个两脚趾人就平静地生活在这里。

他们不仅脚趾分成两瓣，一双手的手指也长得很奇特。左手有两个大拇指，第一个拇指向骨节处歪过去，第二个和第三个手指是蹼指（即两个手指中间有蹼状物），而右手只剩下大拇指。他们的脚非常有柔韧度，很灵活。

道尔森是一位曾经在津巴布韦的哈拉雷国家档案馆工作过的年史编撰者，从一次在津巴布韦西南部郊游时偶然发现两脚趾人起，他就一直对他们产生浓厚的兴趣。于是他有计划地访问了 16 个两脚趾人，并把他们前七代的历史都搜集整理起来。

道尔森认为，这种变异现象，首先是由迁徙和通婚造成的。若干年前，一位有两脚趾血统的年轻妇女从其他地方来到了西南津巴布韦，当她与当地的土著结婚之后，她的两脚趾基因就开始起作用，让她的部分后代成为两脚趾人。如果在正常的风俗下，津巴布韦土著只和其他部落的人通婚，这样就会使生成两脚趾人的概率减少。可是，由于该地区稀疏的人口，两脚趾人不得不和同部落的人结合，这就使两脚趾基因继续繁衍下去。

道尔森假定的这第一位妇女从何而来呢？尽管不能证实，他却充分地假设了这位妇女来自莫桑比克的赞比西河谷。原因是目前其他地方对两脚趾人的真实报道非常少，而在莫桑比克，大量翔实的资料证明了两脚趾人的存在。

尽管两脚趾人对自己怪异的肢体抱着平常心，但还是引起了世界医学界的高度重视。南非约翰内斯堡的威特沃特斯兰医科大学解剖系主任菲利浦·蒂比阿斯教授，经过长期的观察和临床研究，终于向人们揭开了两脚趾人的谜底。

原来，这种变化既不是神灵的惩罚，也不是自然的选择，而是一种变异

性疾病，在医学上称为"龙虾脚爪综合征"。这种病的个别案例在世界各地都有记录，唯独在非洲这个部落，这种病变成了一种普遍现象。

菲利浦教授说："这是一种简单的显性基因造成的遗传变异。携带基因的本体不会发生变异，而父母中要有一方携带这种基因，就会在下一代的身上造成遗传变异。在受这种基因控制的胎儿的孕育期中，具体说是在非常早的胚胎形成时期，这种显性的等位基因就开始干扰了四肢分裂的普通形式，于是在四肢刚刚开始分裂时就形成了不是五个而是两个脚趾。"

对于赞比西河谷的大量两脚趾人的存在，菲利浦教授解释说，那是在部落内部选择结婚对象的直接结果。因为这种显性基因如果只发生在一对或几对夫妇中，很可能由于下几代的再次选择而消亡。而像赞比西河谷这样大的基因变异群体，除了部落内部通婚范围大别无其他原因。

绿色人

绿色人主要生活在非洲，他们全身的颜色像草一样翠绿。连血液也是绿色的。这种人现在只有 3000 多人，至今还过着穴居的原始生活。

蓝色人

科学家在智利发现了一种全身呈蓝色的人。这些蓝色人世世代代生活在海拔 6 千米的高山上。由于终年积雪，气温始终在零下 45℃～50℃，为了获得足够的氧气保持正常的体温抵御寒冷，人体内不得不大量合成血红素。过量的血红素充斥在大大小小的血管中，使这种人的皮肤呈蓝色。

黑白人

遗传学家在印度尼西亚与世隔绝的偏僻森林中，发现了一个奇异的"鸳鸯人"部落。居住在那里的人，头部像白人，而身体却是不折不扣的黑人。

有尾巴的人

这种人生活在我国西藏和印度阿萨密之间的巴里柏力地区，他们至今还拖着一条没有完全退化的猩红色尾巴。

图皮人

在厄瓜多尔境内亚马孙河森林地区的土人，男女老幼皆赤身裸体，除面部外，全身都用绿色液汁画成红色花，故称图皮人。他们两眼外突，像卷尾猴的眼睛一般，手脚似蛙脚，趾间有短蹼，还没有完全进化。主要以生吃活鱼和野菜为生。

人体数字趣谈

绵延数十亿千米的遗传序列、60 万亿个细胞的神秘组合，构成了不可思议的人体，也使得每个人都与众不同。如果从微观的角度去衡量人体，你能得到许多有趣的数字……

假定一个人的寿命是 70 年，体重 65 千克，那么他的一生中，体内会有 800 多万亿个放射性原子蜕变成其他原子，但你丝毫不必担心这些放射性反应对身体有什么不良的影响，因为人一生中所放射出的原子蜕变的数量仅仅是人体 10 个细胞中所含原子的数量，而人体中每个细胞平均就有 90 万亿个原子。

成年人的皮肤大约重 2.7 千克，并且每时每刻都会有大量的皮肤颗粒脱落，人一生中会蜕掉大约 4000 亿个皮肤颗粒，重达 48 千克，相当于换了 18 层皮。成年人皮肤的面积有 1.8 平方米，而附着在皮肤表面的细菌有 1000 万亿个。

在人的一生中，总共要呼吸大约 5 亿次，吸入的空气有 350 多万立方米，也就是 350 多艘万吨级客轮的容积。

人的鼻子只能分辨 2000 多种气味，但眼睛却可以区别出 800 万种颜色。有趣的是 1000 位女性中会有 1 个是色盲，而男性则高达 70 个。

人体中最奇妙的器官是大脑，它是智慧的发祥地、行动的指挥部，但相对于其他器官而言，人类目前对大脑的认识是最薄弱的。

科学家认为大脑活动的主要方式是化学反应，在 1 秒钟内，大脑会发生 10 万种不同的化学反应，这些反应产生了思维、情绪和控制身体动作的指令。

在大脑的皮层上约有10亿个沟回，把这些沟回铺展开，面积也只有普通餐桌那么大。在大脑中有100多亿个神经细胞，理论上每天能记录8600万条信息，根据神经学家的测量，人脑的神经细胞回路比目前全世界的电话网络复杂1400多倍。

基本小知识

神经细胞

神经系统的细胞主要包括神经元和神经胶质细胞。神经系统有大量神经元，神经元之间的联系仅表现为彼此互相接触，但无原生质连续。典型的神经元树突多而短，多分支；轴突则往往很长，在其离开细胞体若干距离后始获得髓鞘，成为神经纤维。

大脑的活动需要消耗很多能量，这些能量主要靠流经大脑的血液来提供。人的心脏一生大约跳动30亿次，向大脑输送的血液有2500多亿毫升，是身体血液总量的5000万倍，足足可以盛满一个标准的游泳池。

一生中大脑所消耗的能量如果转换成电能，可以持续点亮一只20瓦的灯泡，也就是你活多久，这灯就能亮多久。

人类生存所需的能量归根结底来源于食物，人一生要吃掉大约50吨重的食物，其重量是人自身体重的700多倍。这些食物足足可以装满一节标准的火车货运车厢。都知道人体是个小火炉，一生中释放出来的能量可以把400吨的冷水烧到沸腾。

人体是一个神奇而又复杂的自然结构，自然界中的大多数化学元素在人体中都能找到。比如，人体中碳元素的含量相当于12千克的焦炭，磷的含量可以制造出2000多根火柴，石灰可供粉刷一个房间，铁的含量可以打出1根三四厘米的铁钉，人体中除了铁以外还含有60多克的其他金属物质。

人体中的化学成分有着十分奇妙的搭配，缺了哪样都会使身体的某项功能失常，难怪健康专家一再强调人必须多吃五谷杂粮。

现代科学使我们对人体的认知有了长足的进步，但是人类对自身的了解还处在非常初级的阶段，许多谜团还有待我们去破解。人类要透彻地了解自身，还有很长的路要走。

人类真奇妙